本书是内蒙古农业大学引进博士人才启动项目
（项目号：NDYB2018—52）的阶段性成果

南开公共管理研究丛书

利益分析视阈下 内蒙古生态市建设研究

The Study of Inner Mongolia Ecological City Construction under the Perspective of Interests Analysis

王瑜◎著

天津出版传媒集团
天津人民出版社

图书在版编目（CIP）数据

利益分析视阈下内蒙古生态市建设研究 / 王瑜著
. -- 天津：天津人民出版社，2019.12
（南开公共管理研究丛书）
ISBN 978-7-201-15579-1

Ⅰ.①利… Ⅱ.①王… Ⅲ.①生态城市-城市建设-研究-内蒙古 Ⅳ.①X321.226

中国版本图书馆 CIP 数据核字（2019）第 250556 号

利益分析视阈下内蒙古生态市建设研究
LIYI FENXI SHIYU XIA NEIMENGGU SHENGTAISHI JIANSHE YANJIU

出　　版　天津人民出版社
出 版 人　刘　庆
地　　址　天津市和平区西康路 35 号康岳大厦
邮政编码　300051
邮购电话　（022）23332469
网　　址　http://www.tjrmcbs.com
电子信箱　reader@tjrmcbs.com

责任编辑　王佳欢
装帧设计　卢炀炀

制版印刷　高教社（天津）印务有限公司
经　　销　新华书店
开　　本　787 毫米×1092 毫米　1/16
印　　张　14.75
插　　页　2
字　　数　200 千字
版次印次　2019 年 12 月第 1 版　2019 年 12 月第 1 次印刷
定　　价　79.00 元

总　序

改革开放以来,中国行政学恢复研究已经历了三十多年。三十多年来,行政学伴随着改革开放的发展而发展,在与行政改革和行政发展实践的互动中奠定了理论根基,并不断地开拓自身的研究疆域,在中国社会科学的学术土壤上茁壮成长,如今已成为最富有生机和活力的学科之一。

作为学科,其建设至少包含研究队伍、科学研究、人才培养和学术声誉四个要素,它们综合水平的高低体现着该学科的整体实力。从较为宏观的角度来看,行政学作为社会科学重要的组成部分,其研究队伍从改革开放初期的从无到有、从弱到强,已经完成了从“转行”出身到“科班”出身的转换,一大批中青年的专业研究人才崭露头角,成为行政学研究领域的重要力量。在科学研究方面,各个梯次的研究队伍伴随着当代中国行政改革实践的发展,深入地探讨了行政系统各个内在要素及其相互之间的关系、行政系统与其环境之间的关系,全方位地探讨了与行政发展相关的重大问题,并形成了较为丰富的研究成果。这些成果源于行政改革实践,并对行政改革实践发挥着重要的指导意义。从人才培养来看,随着中国行政管理专业人才需求的增长,高等学校陆续设置了相关专业,至今已经形成了包括本科、硕士(专业硕士)和博士在内的完整的人才培养体系,为行政学的学科发展培育了一大批新生的学术力量,也为提高政府机关的整体素质提供了有力的保障。在学术声誉方面,行政学科自恢复研究以来,以其理论与实际相结合,积极构建中国特色行政学科,主动参与行政改革实践,努力解决当今中国行政发展与发展行政的重大问题,而在中国的社会科学领域确立了自己的地位,并赢得了良好的学术声誉。

如今,中国的经济、社会和人们的社会生活发生了巨大的变化,国内外的行政学科也取得了很大的进展。具有社会性、综合性、动态性特点的行政学,应当对这种变化给予更大的理论自觉。在以后的理论研究中,应当突出需求导向和前沿导向。所谓需求导向，就是行政学的研究要瞄着国家发展中的战略课题，运用新理论、新方法和新技术解决经济、社会进步和政府自身发展中的重大问题。马克思曾经指出："理论在一个国家的实现程度，决定于理论满足这个国家的需要的程度。"邓小平也曾指出："深入研究中国实现四个现代化所遇到的新情况、新问题，并且作出有重大指导意义的答案，这将是我们思想理论工作者对马克思主义的重大贡献。"行政学能否取得其应有的学术地位，关键因素之一就是它在多大程度上研究了行政管理自身和社会发展中的重大问题，并且为政府提供了多少富有创造性的、行之有效的对策。所谓前沿导向，即追寻国外行政学发展的最新趋势和最前沿课题，将其与中国行政改革和社会发展实践相联系，努力形成新观点，构建新理论，积极推进世界行政学科的发展。

党的十八大在新的社会历史条件下对我国的行政改革提出了新的要求。在政府和社会的关系方面，深入推进政企分开、政资分开、政事分开、政社分开；在政府建设方面，构建职能科学、结构优化、廉洁高效、人民满意的服务型政府；在政府职能及其转变方面，深化行政审批制度改革，继续简政放权，推动政府职能向创造良好发展环境、提供优质公共服务、维护社会公平正义转变；在行政体制改革方面，稳步推进大部门体制改革，健全部门职责体系；在行政技术方面，创新行政管理方式，提高政府公信力和执行力；在管理效率方面，严格控制机构编制，减少领导职数，降低行政成本；在事业单位改革方面，推进事业单位分类改革；在改革部署及其实施方面，完善体制改革协调机制，统筹规划和协调重大改革。

此外，党的十八大报告提出，在改善民生和创新管理中加强社会建设，加强和创新社会管理，加快推进社会体制改革，加快形成党委领导、政府负责、社会协同、公众参与、法治保障的社会管理体制，加快形成政府主导、覆盖城乡、可持续的基本公共服务体系，加快形成政社分开、权责明确、依法自治的现代社会组织体制，加快形成源头治理、动态管理、应急处置相结合的社会管理机制，提高社会管理科学化水平，推动社会主义和谐社会建设。

以上论述为中国的行政改革和社会管理发展指明了方向，也为行政学科的研究提出了新的课题。行政学应当按照上述新的要求迈向新的研究征程，争取为我国的经济、社会发展提供理论指导和应用支撑。

南开大学的行政学科建设起步于20世纪80年代中期，在新的世纪取得了长足的进步。除了设有行政管理本科专业之外，还设有公共管理一级学科硕士点和一级学科博士点。在公共管理一级学科硕士点下设行政管理、社会保障、教育经济与管理三个二级学科硕士点；在公共管理一级学科博士点下设行政管理、教育经济与管理两个二级学科博士点。多年来在教学和科研中，不仅培养出一批优秀的专业人才，而且发表和出版了一批优秀的科研成果。为进一步推进行政学科的理论研究，我们和天津人民出版社一道策划了南开公共管理研究丛书，搭建南开行政学科教师和学生科研成果的展示平台。希望通过我们的努力，为中国行政学科的发展做出我们应有的贡献。

沈亚平

2013年3月于南开园

前　言

生态市建设是保障地区环境、经济、社会可持续发展的一项区域发展策略。生态市建设不同于环境治理，它强调环境、经济与社会利益相互协调、共同发展，三者缺一不可。没有经济基础支撑，环境建设、社会发展只能是纸上谈兵；以牺牲环境为代价搞经济发展、盲目追求国内生产总值，将导致人类生存环境恶化，社会失去持续发展的根基。因此，环境保护、经济发展与社会进步密切联系、相辅相成。生态市建设作为一项城市治理的新理念，应摆脱传统行政"集权、同质、全能"的单一管理模式，构建以"分权化、差异化、动态化"为模式的管理体制打造生态城市，提升区域生态文明建设质量。

内蒙古地区不仅拥有全国三分之一的草地面积、千余种野生物种，也拥有着中国最大的稀土基地，是西北重要的煤炭、钢铁、天然气储备区，属于典型的资源型城市。内蒙古自治区响应中央政府实现生态市的政策号召，试图打造成北方重要的生态安全屏障。然而生态市建设作为一项复杂的系统工程，具有外部性、非排他性、利益不可分割性的特征，这导致建设过程中出现了"选择性执行""搭便车"、政企利益联盟等诸多问题，促使利益主体将本该承担的责任转嫁于他人，多元主体各自的逐利行为阻碍了生态市建设的顺利推进，如何引导主体行动朝着公共利益的方向运行是推进生态市建设首要解决的问题。

利益分析理论为生态市建设提供了适当的研究视角。根据利益分析理论，可以从"利益认知、资源条件、利益激励"三方面对地方政府组织、企业型利益群体、公众利益群体三类主体的行动策略进行分析，从而确立对生态市建设产生的影响。其中从利益视角分析主体行为的作用主要有：第一，利益需求引发主体倾向于做出某种行为,是主体选择行为的一种动力;第二,利益需求与资源条件的有机结合才会推动主体制定出具体行为策略,资源条件为主体行为动机转化和具体行动提供了物质基础;第三,利益激励为主体行为的发生提供了制度保障。通过构建激励性制度体系,为主体进出某一种活动设置了一个关口和范围;又为其中的某些主体确立了一套激励的规制和奖惩的办法,调整人们的利益得失,促使主体对自己的成本、收益进行权衡、比较后做出行动决策。这样的分析结构把主体的行为方式与利益认知、资源条件、利益激励紧密联系起来。

利益分析理论以"比较利益人"为前提假设,对各利益主体的行为方式进行分析。地方政府作为生态市建设中公共利益的当然代表,是公权力、公共资源的掌控者。受政治竞标赛、财政分权与政绩考核的利益激励,诱导地方政府的利益认知在政府利益扩张化与公共利益之间摇摆。不同的利益动机促使它们与其他主体的利益互动方式不尽相同,从而产生了积极联盟与消极联盟两种行动策略。企业型利益群体作为生态市建设中重要的被规制对象,集团、组织利益最大化是它们行动的主要驱动力。但不同类型的企业存在资源条件的差异性,加之政府监管制度缺位、社会监督制度薄弱、市场机制不完善,为企业集团通过利益俘获、"人际关系网"、游说的方式拉拢地方政府官员,建立"利益伙伴关系"提供了有力的制度环境,纵使企业集团出现盲目逐利行为;而一些不具备利益交互资本的小型企业群体只能选择"你来我关,你走我开,你罚我跑"的临时性应对方案。

环保组织是典型的公共型利益群体,社会感召力、凝聚力壮大了组织的资源动员能力。但受政府管理制度的约束,一些组织的"合法性"与资源条件受到限制,面对环境事件时出现"策略困境""选择性失语"、不作为的现象,组织公信力明显下降。一部分公众群体没有正规组织作为依托,为了维护个人基本权益,在利益表达制度及利益补偿制度欠缺的环境下,以游行、示威、群体性事件的行为方式唤醒政府机构、企业集团的重视;还有部分公众受狭隘的个人私欲影响,为了实现物质利益的最大化,常常私下接受企业"贿赂",从而对侵犯个人利益的现象置之不理。可见,主体基于自身利益认知下产生一定的行为动机，在合理的制度环境下有效利用资源来满足自身需求，从而推动他们选择正确的行为方式。其中，利益认知是主体做出行动的驱动力，资源条件是主体行动的资本；利益激励是引导主体行动方向的激励条件，制度是其主要手段，构建合理的制度体系是改变主体行动的主要手段。

由此可知，激励性制度体系并不是要改变各主体的利益诉求，而是通过建立和完善相应规则来改变他们追求自身利益的行为方式。那么如何构建激励性制度，促使各方在进行成本和收益的预期核算后，主动选择更符合公共利益的主体行为方式，以此来实现自身利益诉求。因此，应当完善环境法规制度，明确主体间的环境权责关系，为各项激励性制度的实施提供基本保障。健全政府管理体制，适当调整激励与约束的配比关系来正确引导地方政府的行动策略。构建经济型的激励制度体系，引导企业型利益群体主动参与生态市建设，为实现公共利益发挥积极作用。完善公众参与制度，归还公众应有权利，激励公众群体的壮大及自愿性生态治理制度的建立，以此来减少政府监督成本、遏制强势利益群体势力的蔓延。健全环保组织自主性，提升组织公信力，真正承担起政府与公众群体间利益互动的桥梁作用，将公众真实的利益诉求及时、准确地反馈给政府，避免信息不对称阻碍生态市建设顺利推进。

目　录

第一章　导　论

第一节　问题的提出及研究意义

一、问题的提出

随着全球性的人口增长、资源短缺、环境污染、生态恶化，人类经过对传统发展模式的深刻反思，开始探求经济、社会发展与人口、资源、环境相协调的可持续发展道路。党的十八大报告首次把大力推进生态文明建设独立成章，提出必须树立尊重自然、顺应自然、保护自然的生态文明理念，把生态文明建设放在突出地位，与经济、政治、文化、社会建设共同构成五位一体协调发展。这一观点体现出执政党和政府未来确立的理念是“生态文明”“五位一体”“绿色发展”“美丽中国”。党的十九大报告进一步提出树立和践行“绿水青山就是金山银山”的理念：建设美丽中国的发展战略。生态文明建设是关系国家长治久安、民族兴旺繁荣的千年大计，时刻不容忽视。

针对现实环境问题，20 世纪 80 年代中期，我国就开始了生态城市建设的探索。1986 年，江西宜春市是第一个提出生态市建设目标的地区，遵循“统筹谋划、科学规划、精心实施”的城市发展思路，推进自然与城市的融合发展；之后，上海、广东等地也陆续开始倡导建设生态城市的发展理念。1994 年，上海提出要建设成一个清洁、优美、舒适、人与自然高度和谐的生态城市。1995 年，原国家环境保护总局发布了《关于开展全国生态示范区建设试点工作的通知》，并于 1996 年批准了第一批试点。1999 年，根据生态示范区建设及地方开展生态保护的实际情况，国家环保总局不失时机地提出开展生态省、市(县)的创建活动,将范围扩大到省域,将示范推广到连片的市和县。2003 年,原国家环保总局又发布了《生态省、市(县)建设的指标体系》,对各地区生态市建设情况进行考核验收。随着各地创建活动的不断深入,原有考核指标不符合创建活动的要求,部分指标针对性弱,可操作性比较差。为进一步体现考核指标的分类指导,增强其针对性、可操作性,2005 年原国家环保总局对部分指标做出了调整。2007 年年底,完成了《生态县、生态市、生态省建设指标(修订稿)》(环发〔2007〕195 号),用于指导生态省、市(县)建设,同时将环境优美乡镇和生态村纳入这个序列进行管理,从而形成了生态省、生态市、生态县、环境优美乡镇、生态村这样一个不同层次的创建模式;从生态示范区到生态省、市、县按指标要求的不同则形成了两个阶段。因此可以说,从生态示范区到生态省、市、县是同一目标下的不同阶段,而从生态村、环境优美乡镇、生态县、生态市到生态省则是同一阶段上的不同层次。①

截至 2012 年,全国已有 15 个省(自治区、直辖市)开展了生态省建设,超过 1000 个县(市、区)开展了生态县(市、区)建设,38 个县(市、区)建成了生态县(市、区),1559 个乡镇建成国家级生态乡镇;在此基础上,53 个地区开展了生态文明建设试点。② 内蒙古地区在响应原国家环保总局文件精神的前提下,也积极投入生态市、生态县(乡镇)的建设中来。截至 2016 年,内蒙古地区已拥有自治区级生态村 19 个、生态乡镇 95 个、自治区级生态县(旗市)10 个;国家级生态乡镇 55 个、生态县(旗市)7 个。2016 年,扎兰屯市、鄂托克旗已荣获"国家级生态市"称号,生态市建设在内蒙古各地成效显著。

生态市建设不同于环境治理,它倡导社会、经济、环境共同可持续发展,涉及的利益主体相当复杂化,利益诉求间的交集也越来越少,个人理性的行为方式与生态市倡导的公共利益相背离,由此暴露出诸多问题,如地方保护

---

① 参见张文国:《我国生态省建设的演进分析和发展对策探讨》,《自然生态保护》,2005 年第 3 期。

② 参见中华人民共和国环境保护部:《第七届全国生态省论坛暨生态文明建设工作会议强调增强建设生态文明主动性积极性》,2012 年 8 月 23 日。

主义行为、“上有政策、下有对策”、政企非法利益联盟操纵政策过程、环保组织面临“策略困境”“合法性危机”,公众群体利益被忽视产生抵制情绪,导致政策空转、群体性事件等,严重阻碍了生态市预期目标的完成。政府为了解决这些问题也相继提出了一些“惩、罚、堵”的规制措施,但对于协调地区环境、经济、社会发展所起的作用收效甚微。

事实上,伴随着社会转型、经济转轨,我国的城市化、现代化步伐致使传统的社会结构已经开始分化,尤其是市民社会的壮大,促使个人利益、部门利益、企业利益与公共环境利益间的冲突越来越显性化。生态市建设过程中暴露出的诸多问题与相关主体多元化的利益诉求,导致了行为方式的多样性密切相关。不同需求和行为的利益主体在资源稀缺性的社会环境中必然存在利益矛盾,导致冲突的发生。加之制度环境不完善,使得各主体的行动策略逐渐偏离公共利益的方向,阻碍生态市建设的顺利执行。可见,利益问题已成为生态市建设中的主要障碍因素。因此,本书以内蒙古各盟市生态市建设为背景,试图从利益分析视角探究在建设过程中主体行为方式的差异性,并在制度构建的基础上展开对相关主体的利益分析,即“以人为中心,对人的行为所产生的动机、支配动机的因素、行为可能产生的结果,个人与个人、个人与群体、群体与群体之间的关系进行研究,找到其内在规律性”[①]。总之,本书不仅要对阻碍生态市建设的行为因素及运作方式进行探讨,而且要对导致行动偏离公共利益方向的制度缺陷及其作用方式进行分析,以此来引导主体行为方式朝着有利于生态市建设的方向运行。

二、研究的意义

(一)理论意义

1. 有利于拓展生态市建设研究视角

从利益分析的视角来看,生态市建设就是围绕政府、企业、环保组织及

① 张建东、陆江兵主编:《公共组织学》,高等教育出版社,2003年,第33页。

公众群体,基于一定社会关系而形成的利益互动过程。多元利益主体在结成各种社会关系的基础上追逐各自的利益,社会关系(政治关系、文化关系及经济关系)为他们实现彼此利益目标提供了通道。从社会关系中挖掘政策运行中存在的不同利益关系,为人们提供了一种新的解析公共政策本质的视角。利益分析与过程分析对于公共政策同等重要,离开利益谈政策显得空洞乏味、脱离实际。本书运用利益分析方法,以生态市建设为研究对象,通过对地方政府、企业、社会团体与个人等主体的利益诉求及实现过程的行为逻辑进行分析,提出构建利益整合机制,推进生态市建设进程的方略,有利于拓展生态市建设的研究视角,进而对于生态市建设中政府职能与公共政策研究的发展具有一定的理论意义。

2. 深化现代城市可持续发展理论

经济全球化为每个城市的发展提供新机遇、新挑战,呼吁可持续的城市发展理念,寻求经济、政治、生态、社会、文明的均衡化发展。生态市作为一种现代城市发展的新理念,将城市看作一种遵循人与自然和谐发展的复合生态系统,也是实现城市可持续发展的必由之路。生态市建设的主要任务是协调环境、经济、社会的和谐发展,实现公共利益、组织利益及私人利益的均衡化,遏制"搭便车"造成的公共资源浪费及不同群体间的利益矛盾、冲突等行为的发生。引入利益分析理论就是为了解决环境、经济与社会利益的有效融合与增进,从而有利于深化现代城市可持续发展理论。

(二)实践意义

1. 有利于生态治理中明确政府职责

本书借助利益分析理论寻求生态市建设中各主体利益分配的相对均衡化策略,提出要规范地方政府组织、企业型利益群体和公众利益群体的合作型关系。在这种合作型关系中,政府应当改变传统的"集权、同质、全能的"政府治理模式及单一的管制角色,而是要根据现代城市的治理理念,构建"分权、多样、有限"的政府治理模式,引导多元主体共同参与。因此,本书通过对生态市建设的研究及新的理念的提出,促进生态市建设中所遇到问题的解决,具有针对性较强的现实意义。

2. 有助于规范利益群体行为,确保生态市建设的民主性与科学性

本书提出,企业型利益群体与公众型利益群体是生态市建设中的两大主体,其中企业型利益群体凭借资源条件在生态市建设中占据优势地位,拥有一定话语权;公众型利益群体由于自身资源匮乏,在生态市建设中处于弱势地位、话语权受限,这种不合理的利益格局分布,必将影响生态市的政策走向。但仅凭"惩、罚、管"的制约机制难以解决生态市建设中集体行动的困境,需要对利益群体的行为方式与制度环境进行细致分析,对他们的行为扭曲进行合理引导、规范,防止过度利益分化导致利益矛盾、冲突极端化;遏制强势集团的势力扩张,逐步壮大弱势群体竞争能力,确保生态市建设的民主性与科学性。而保证和实现民主性和科学性,对于生态市建设的顺利发展和取得实际成效具有重要的应用价值。

第二节　相关文献综述

一、国内文献研究

自党的十七大把生态文明写入党章、党的十八大将生态文明列入五位一体发展目标、党的十九大提出建设美丽中国以来,生态建设已进入攻坚期,得到了党中央的高度重视。全国很多省、市、县在响应党中央规划生态文明建设新思路、新目标、新部署的基础上,纷纷提出了创建生态省、生态城市、生态县的要求。生态环境具有自然性、统一性、系统性等属性,因此全国各地启动生态城市建设,标志着我国区域可持续协调发展进入了一个高质量发展阶段,有力地促进了区域社会、经济和环保事业的和谐发展。国内有关生态城市建设的研究成果,大致可以归纳为以下三个方面:

(一)关于生态市内涵的界定

开展生态市创建这项工作,需要明确什么是生态市,符合什么样的要求才能成为生态市,学者们的观点大致可以分为三种:

1. 环境论

这一类观点把生态城市看作适合人类居住的生态宜居城市，绿化覆盖率、环保工作成效、环境优美、舒适程度等一系列环境类指标是学者们界定生态城市的主要依据。这一观点主要存在于生态市概念出现的早期，存在片面性、局限性。

2. 理想论

这一观点把生态市看作一种理想的田园城市，人与自然和谐发展、技术与资源达到充分的融合，能够最大限度地发挥人的主观创造力利用自然，人与自然处于和平共处状态，即中国古代传统文化中所谓的"天人合一"。梁鹤年在《城市理想与理想城市》一文中提出："生态主义的城市理想原则是生态完整性和人与自然的生态连接。规划需要考虑城市的密度，如果城市形态是紧凑的，那么，城市化需要围绕自然生态的完整性来进行；如果城市纹络是稀松的，城市化就可以按城市系统和自然系统各自的需要来进行规划。"[①]

3. 系统论

这一观点运用生态学中广义的"生态"概念来界定生态市，把生态市放在了一个大系统环境中，与社会、经济因素共同协同作用，从而形成的有机整体，代表人物有我国著名生态环境学家马世俊和中国科学院生态环境研究中心王如松教授。王如松教授将生态城市称之为"复合生态系统"，是人们按照生态学规律规划、建设和管理城市的简称，其三个支撑点是生态安全、循环经济与和谐社会。[②] 黄肇义和杨东援认为，生态城市是全球区域生态系统中分享其公平承载能力份额的可持续子系统，它是基于生态学原理建立的自然和谐、社会公平和经济高效的复合系统，更是具有自身人文特色的自然与人工协调、人与人之间和谐的人居环境。[③] 卞有生、何军将生态市的内涵界定为运用可持续发展理论和生态学与生态经济学原理，以促进经

---

① 梁鹤年：《城市理想与理想城市》，《城市规划》，1999 年第 7 期。

② 参见王如松：《生态政区建设的系统框架——生态安全、循环经济与和谐社会》，《环境保护》，2007 年第 3 期。

③ 参见黄肇义、杨东援：《国内外生态城市理论研究综述》，《城市规划》，2001 年第 1 期。

济增长方式的转变和改善环境质量为前提，抓住产业结构调整这一重要环节，充分发挥区域生态与资源优势，统筹规划和实施环境保护、社会发展与经济建设，基本实现区域社会经济的可持续发展。[①] 系统论下的生态城市从环境、经济与社会发展间的矛盾出发，将现实与理想有机结合起来，具有很强的理论性与应用性，是21世纪城市可持续发展的新理念。

（二）关于生态市建设实践的研究

1. 从环境规划学领域研究生态市建设

生态市建设本身就是地方政府建设城市的一种新理念，各地区在响应上级政府实现生态市的政策号召下，根据自身实际情况，利用自我诊断方法[②]提出了各具特色的生态市规划模式，大连市就是其中的一个典型案例。杭州市也根据自身城市特色提出了创建生态街区、生态社区等活动；南京生态城市建设从生态农业和农村、生态工业园区、生态社区三个角度，分析了南京生态城市建设的现状，总结其中存在的问题，从制度层面、发展层面、环境保护层面及文化层面，推进南京市经济生态高效、环境生态优美、社会生态文明、自然生态与人类文明高度和谐统一的现代化生态型城市建设。[③] 浙江省的一些城市以构建生态补偿机制为主，通过财政转移支付对生态市建设中的利益受损群体进行政策补贴；西安以建构城市生态安全格局，走生态城市发展之路为目标，强调在建设生态城市的过程中，还应充分结合地域资源的特殊性，走富有地域化的特色生态城市之路；[④]长治市现代化生态城市、智慧低碳城市、绿水城市建设的众多案例不断涌现。沈满洪教授的《绿色浙

---

① 参见卞有生、何军在：《生态省、生态市及生态县标准研究》，《中国工程科学》，2003年第11期。

② 自我诊断方法（SWOT分析法），源于1965年由勒尼德（Learned）等人最先提出企业竞争态势分析的四要素。1971年肯尼思·R. 安德鲁出版了他著名的《公司战略的概念》，正式提出了SWOT矩阵模型。SWOT分析是根据优势、劣势、机会与威胁四个要素对自身环境和所处的形势进行综合的比较与分析，组成SWOT分析矩阵，以便充分认识自身环境的优势与不足，明确外部环境的机遇与威胁，进而发挥有利的条件和因素，控制或化解不利的因素和威胁，扬长避短，取得最好的结果。

③ 参见韩颖、汪炘：《南京市生态城市建设的现状、问题及对策》，《污染防治技术》，2009年第2期。

④ 参见李琪、曹恺宁、刘永祥：《西安生态城市建设目标与构建策略》，《规划师》，2014年第1期。

江——生态省建设创新之路》一书，主要围绕“进一步发挥浙江的生态优势，创建生态省，打造绿色浙江”这一战略展开，“绿色”和“创新”体现生态省建设的本质。1986年6月和1997年12月，在天津和深圳分别举行了两次全国城市生态研讨会，集中研究生态城市理论及建设规划、评价等问题；1999年8月，在昆明召开了全国性的生态城市学术研讨会，针对近几年生态市的建设情况进行总结，提出了城市复合生态系统理论框架，并展望城市未来发展。各地级行政区以可持续发展、城市生态系统理论、区域整体化发展及生态经济学理论为支撑，制定适合地区自身特色的生态市建设规划，总体上围绕着生态、经济及社会三个子系统展开建设。

2. 从公共政策领域研究生态市建设

生态市建设的相关理论研究成果已比较丰富，但大多是涉及环境科学、经济学、土地资源学和环境规划等学科。从公共政策领域研究生态市建设的成果为数不多，主要集中于政府管理体制方面，提出“政府要运用自身的权威建立综合决策制度，明确协调各级政府生态环保职能。中国是一个发展中的大国，力图尽快摆脱贫困，长期以来一直强调发展是硬道理，尤其是县域政府的‘发展愿望’最为迫切，往往把‘发展是硬道理’等同为经济增长是硬道理；更有甚者把‘经济增长是硬道理’理解为，为了追求经济尽快增长，其他一切都要让步，都可以被牺牲，包括生态环境、公共卫生”①。“生态市建设问题是一项复杂的系统工程，它的重要性、复杂性决定了政府在建设过程中发挥主导作用。因此，生态市建设迫切需要转变政府职能、明确责任导向，从创新制度、完善机制、构建行为体系入手，使政府行为从整体上达到最优设计、最优决策、最优管理、最优控制，实现系统综合最优化，这一切对生态市建设的成败起着决定性的作用。”②还有学者认为，传统的政府直控型管理体制严重制约生态市政策目标的落实，如“在建设长株潭城市群‘两型社会’（资源节约型与环境友好型）中，行政机构设置不到位，随意性大；行政

---

① 张子礼、孙卓华：《试论生态政府的构建》，《齐鲁学刊》，2006年第5期。

② 王潜：《县域生态市建设中的政府行为研究》，东北大学2008年博士研究生毕业论文，第83页。

行为获益不公平，差距较大；财政制度中环保成分不足，成了影响城市群环境问题的制度瓶颈”[①]。以北京为例，生态文明建设存在经济快速增长与生态环境保护、中央政府与地方政府、区域之间利益共享与损失补偿、跨区域生态环境建设等多重矛盾，表现出环境管理、经济、社会、文化等层面的体制机制障碍，这种建设上的空间二重性严重束缚了北京现代化低碳城市的建设进程，需要从体制机制方面不断创新、完善。[②] 因此，必须明确政府管理体制，完善政府生态环境治理组织结构，提高环保行政执法能力，培养社会环保组织与公民积极参与，协同共治式社会体制创新，强化生态文化等方面完善相关制度体系。

（三）关于生态市评价体系的研究

建立评价指标体系是一项科学、严谨、富有创造性的工作，它绝不是众多指标的堆积，而是多项指标的有机综合、提炼、升华与创新，应能客观地反映生态市建设的现状与差距，并以此作为政府决策的依据。李克国、王志伟对我国生态市建设指标的修订情况进行了深入分析，指出2007年年底完成的《生态县、生态市、生态省建设指标（修订稿）》中减少了生态市建设指标，由原来的三大类二十八项指标（三十三小项指标）减少为三大类十九项指标（二十三小项指标）；对指标进行分类管理，将修订后的指标分为约束性指标和参考性指标两类；弱化经济、社会类指标，突出生态环境类。[③] 修订后的指标体系可以更加合理、高效地完成生态市建设任务。还有宋永昌等提出了评判生态城市的指标体系和评价方法，他们从城市生态系统结构、功能和协调度三方面构建了生态城市的指标体系，提出了生态城市的评价方法，并选择上海、广州、深圳、天津、香港五个沿海城市进行了城市生态化程度的分析。[④]

---

① 莫伟弘：《长株潭城市群“两型社会”政府管理体制创新》，《湖南城市学院学报》，2009年第4期。

② 参见陆小成：《生态文明建设的空间二重性与体制改革——以北京为例》，《生态经济》，2017年第3期。

③ 参见李克国、王志伟：《中国生态市建设的理论与实践》，《中国环境管理干部学院学报》，2009年第4期。

④ 参见宋永昌：《生态城市的指标体系与评价方法》，《城市环境与城市生态》，1999年第5期。

郭秀锐、杨居荣等人将生态市的评价指标体系分为两类："一类是经济生态指标、社会生态指标和自然生态指标，这类指标体系是较为常见的，为大多数人所采用；另一类则是对城市生态系统的分析，从城市生态系统的结构、功能和协调度三方面建立的生态市指标体系。对此应当注意，不能过分夸大指标体系的作用，不能依据一套指标体系，或者一个评价标准，就明确地判定某城市是否达到'（生态）可持续发展'，而只能说明城市的发展是向着还是偏离'可持续发展'的轨道。"①我国资源型城市生态文明建设评价要引导资源的节约、集约利用，突出生态系统的保护，有利于资源型城市的产业转型升级，体现社会和谐稳定的生态文明建设目标，将资源保障、环境保护、经济发展和民生改善四个子系统作为资源型生态城市建设的评价指标。②生态城市建设的评价指标体系应具有代表性和可操作性，整齐划一有些过于绝对，各类型城市应立足于自身特色与实际，以人民利益为本，构建科学、合理的评价体系，促进社会稳定、和谐发展。

二、国外文献研究

生态市在国外通常被称为"绿色城市"或"绿色社区"，目前美国的克里夫兰和伯克利市、德国的埃尔兰根和弗赖堡、巴西的库里蒂巴、澳大利亚的怀阿拉、日本的大孤和千叶新城等，都是国外典型的生态市建设案例。随着资源逐渐枯竭和环境的日益恶化，城市可持续性发展已经成为各国共同面对的政治问题，对于生态城市的相关研究成果也相当丰富，主要集中在生态市的理论发展与建设模式方面。

（一）国外生态城市的理论发展

与我国生态市相似的概念，在国外可称之为"生态城市""绿色城市""绿色社区"等。1898年比尼泽·霍华德（Ebenzer Howard）在《明天：通往真

---

① 郭秀锐、杨居荣等：《生态市建设及其指标体系》，《城市发展研究》，2001年第6期。
② 参见杜勇：《我国资源型城市生态文明建设评价指标体系研究》，《理论月刊》，2014年第4期。

正改革的和平之路》一文中提出了著名的田园城市（Garden City）理论："有企业发展的空间和资本流，有洁净的空气和水，有自由之气氛，具合作之氛围，无烟尘之骚扰，无棚户之困境兼具城乡之美，而无城市之通病，亦无乡村之缺憾。"[①]霍华德还从土地、资金、城市收支、行政管理等方面对如何建设田园城市提出了具体措施。田园城市是一种新的城市形态，既具有高效能和高度活跃的城市生活，又可兼有环境清净、美丽如画的乡村景色。刘易斯·芒福德（Lewis Mumford）指出："霍华德最大的贡献不在于重新塑造城市的物质形态，而在于发展这种形态下的有机概念，他把动态平衡和有机平衡这种重要的生物标准引用到城市中来。"[②]

20 世纪初，人类与城市生态学奠基人、美国芝加哥学派的创始人 R. E. 帕克（R. E. Park）对比前人霍华德在《城市：环境中人类行为研究的几点建议》（1916 年）及《城市》（1925 年）中指出：城市人类在竞争与合作中所组成的各类群体相当于动植物群落，可以用支配自然生物群落的某些规律应用于城市人类社会。[③] 学者们不仅塑造了生态城市的物质形态，而且把生态系统中的动态平衡、有机平衡引入到城市建设中来，完善了城市与人类生态学研究相结合的思想体系。1960 年之后，随着世界城市化的迅速发展，城市生态环境问题接踵而来，城市生态学进入蓬勃发展时期。1962 年美国学者蕾切尔·卡逊（Rachel Carson）的《寂静的春天》、1972 年罗马俱乐部的《增长的极限》揭示了城市生态环境遭受破坏的情况，引起社会广泛的关注。

（二）生态市的建设实践

20 世纪 70 年代，理查德·雷吉斯特（Richard Register）和他所领导的"城市生态学"研究会为生态城市的研究和发展做了巨大的贡献，该研究会于 1975 年在美国加利福尼亚的伯克利成立，并于 1987 年出版了雷吉斯特的

---

① ［英］埃比尼泽·霍华德：《明天：通往真正改革的和平之路》，金经元译，商务印书馆，2000 年，第 21 页。

② ［美］刘易斯·芒福德：《城市发展史》，宋俊岭、倪文彦译，中国建筑工业出版社，2008 年，第 39 页。

③ 参见马交国、杨永春：《生态城市理论研究综述》，《兰州大学学报》（社会科学版），2004 年第 5 期。

《生态城市:伯克利》(*Eco - City Berkely*)一书,并促成了第一届国际生态城市会议于1990年在伯克利召开,使得伯克利的生态城市建设成为世界许多城市效仿的模板和样式。2002年,雷吉斯特在著作《生态城市建设与自然平衡的人居环境》中介绍和精炼了世界各个角落生态城市建设的各种好的理念、模式及具体案例,也提出了向生态城市转型所需要的一些策略:"强化自然基础设施建设,城市有机疏散建设的策略,建设城市心脏的策略,建设一种可接受的文化策略和充分发挥艺术与想象的策略。"①

澳大利亚建筑师唐顿(P. F. Downton)是第二届国际生态城市会议的组织者。唐顿认为,城市生态不仅研究城市与自然系统的相互关系,城市生态研究同样关注城市内部人与人之间关系,以及城市与农村社区之间的关联。② 唐顿把生态城市的作用提高到决定人类命运的高度,认为生态城市能够拯救当今世界,生态城市是治愈地球疾病的良药,它包括道德伦理和人们对城市进行生态修复的一系列计划,远远超出了"可持续性"这个概念——我们现在所谓的可持续仅仅是对于患有晚期重病的病人涂抹一些药膏,而生态城市则是彻底治愈。③

第二届、第三届生态城市国际会议都通过了国际生态城市重建计划,提出了指导各国建设生态城市的具体行动计划,即国际生态重建计划(The International Ecological Rebuilding Program),该计划得到各国生态城市建设者们的一致赞成,应该说集中体现了以上各种生态城市理念的共同点。④ 第四届生态城市国际会议于2000年在巴西的库里蒂巴举行。会议进一步交流了生态城市规划建设研究的实例。在会上,巴西的库里蒂巴市被公认为世界上最接近生态城市的成功范例。其生态城的建设主要通过追求高度系统化的、渐进的和深思熟虑的城市规划设计实现土地利用和公共交通的一体

---

① [美]理查德·雷吉斯特:《生态城市建设与自然平衡的人居环境》,王如松、胡聃译,社会科学文献出版社,2002年,第167页。

②③ 参见澳大利亚城市生态协会网站,http://www. urbanecol - ogy. Org. au/whyalla/EcoCity_defn,html。

④ 参见黄肇义、杨东援:《国内外生态城市理论研究综述》,《城市规划》,2001年第1期。

化。[1] 第五届国际生态城市会议于2002年8月在深圳召开,大会通过并发布了《生态城市建设的深圳宣言》。第五届国际生态城市会议促进了生态城市理念的普及与传播,进一步推动了生态城市在全世界范围内的建设实践,而且使人类认识到“人类赖以生存的社会、经济、自然是一个复合大系统的整体,必须当成一个复合生态系统来考虑”,从单纯的自然环境生态取向逐渐发展为更全面的广义生态观,包括社会生态、经济生态、文化生态、自然生态等平衡、协调发展。[2]

生态城建设已将可持续发展、社会和谐的理念融入实践中来,目前国际上比较成功的案例有:阿拉伯联合酋长国的马斯达尔生态城(Masdar City,United Arab Emirates),它是一座建在郊区沙漠中举世瞩目的“环保城”。该计划的主要目标有两个:一是通过生态城的建设有效提升阿布达比邦在世界能源市场变革中强有力的地位,二是促进可持续能源技术、碳管理和水源保护的商业化及其有效实施。[3] 瑞典斯德哥尔摩的哈马比生态城(Hammarby Eco－City)从20世纪90年代初就开始打造一个生态自循环式的社区,社会居住功能与城市环境和谐共存,太阳能、风能循环使用,有机废物排放、生物分解垃圾、水循环等生态自循环手段为创建生态城的主要措施。政府还建立了生态循环委员会负责制定生态城市发展规划。还有巴西南部的主要城市库里蒂巴是联合国首批命名的“最适宜人居住的城市”之一,有“世界生态之都”的美誉,是世界上绿化最好的城市,人均绿地面积581平方米。[4] 日本北九州市从“灰色城市”到“绿色城市”的建构之路,“官、产、学、民”联合的“北九州模式”。[5] 2019年3月,云南省昆明市晋宁区及腾冲市构建中法国

---

① 参见洪亮平:《城市设计历程》,中国建筑工业出版社,2002年,第152页。

② 参见黄光宇、陈勇:《生态城市理论与规划设计方法》,科学出版社,2002年,第8页。

③ 参见于立:《低碳生态城市案例介绍(二):阿拉伯马斯达尔(上)》,《城市规划通讯》,2011年第9期。

④ 参见人民网,http://www.people.com.cn/GB/huanbao/2284285.html。

⑤ 参见朱光明、杨继龙:《日本北九州:“灰色城市”到“绿色城市”的治理之路》,《环球视野》,2015年第2期。

际生态示范城合作项目正式启动。[1] 悉尼的怀特湾生态城(White Bay Eco - City)等一系列生态城市的建设实践已取得丰硕成果,建设内容多样化,实现了从环境生态、社会生态到低碳生态的发展路线,为我国生态市建设提供实践经验。还有荷兰、新加坡生态城、中新天津生态城建设,以中外合作项目为支撑,分别从政治、经济、知识三方面实现共同构建计划,鼓励公共和私人投资项目建设,政府机构在其中扮演协调、监督者角色,从管控模式转向治理模式。

三、对已有成果的总结

(一)已有研究的价值

从我国学者对生态市的研究成果可以看出,对于生态市的内涵、理论体系及建设模式都进行了比较丰富的研究。各地区运用相应的理论知识,规划自身特色的建设模式,理论体系大多集中于生态学、环境规划学领域;公共政策领域的研究多以规范政府行为、优化政府体制、明确政府职责为手段来推进生态市建设。国外学者对生态市的研究起步较早,相关的理论与实践经验都比较丰富,尤其是生态市的规划模式已走向政府、市场、社会共同参与的治理模式。市场和公民社会的壮大在生态市建设中发挥的作用与西方国家的政府管理体制、市场经济体制有着密切联系,也是我国需要借鉴的优点之一。

(二)已有研究的不足

当前与生态市建设相关的国内外文献大致可分为两类:一类是多强调针对现实问题提出具体的实施方案,规划出建设模式,其理论研究大多集中于生态学、环境规划学和环境经济学;另一类是在公共政策领域提出生态市建设,强调政府从管理体制、组织机构及规章制度等体制内部要素入手来优

---

① 参见田大明:《晋宁区"中法国际生态示范城市"合作项目签约》,《社会主义论坛》,2019 年第 5 期。

化生态市建设路径。这种经验性的现象描述方法对于防止生态市建设中主体间利益矛盾、冲突的发生有时收效甚微，这种缺少主体行为动机——行为策略的经验性制度构建，最终也会由于缺乏对主体意识形态和话语权的分析而没能达到预期效果。

因此，笔者以“比较利益人”为前提假设，从利益认知、资源条件、利益激励三方面对生态城市建设中三大类主体的行为方式进行分析，有利于找出导致主体行为扭曲、导致政策结果偏离公共利益方向的深层原因，从而调整利益激励条件来正确引导主体制定合理、有效的行动策略。

第三节　研究思路和研究方法

一、研究思路

生态城市是城市可持续发展道路上的必然产物。但生态市概念的提出仅有几十年，相关理论不完善、实践经验不足，因此在生态市建设过程中存在重重困难，各利益主体出于各自的利益追求，彼此间并非自然形成促进公共利益实现的合力，违背公共利益的种种行为扭曲现象更为常见，这些主体行为方式成为阻碍生态市建设的主要问题。本书从利益分析视角对生态市建设中各利益主体的行为方式进行分析，提出从“利益认知、资源条件、利益激励”三个层次来诠释生态市建设中各利益主体行动策略的差异性。

不同类型的主体对生态市建设产生的价值观、认知态度是有区别的，利益认知是人们在对利益的主观认识的基础上产生的，它与人们的自身需求、价值观、能力等主观因素有关，是人们追求利益的行为动机。

动机的产生为人们选择行为方式提供了一种主观上的倾向性，是影响主体行为的驱动力。但如何把这种行为的倾向性转变为实际行动，自身资源条件为此提供了客观的物质基础。利益驱动与资源条件的有机结合则推动了主体行动的实现。

利益激励可以看作激励主体做出行动的客观因素，而制度是其发挥预期效用的主要手段。由于生态市建设的公共性、非排他性、利益不可分割性的特征，各利益主体作为理性经济人，必然会选择追逐个人利益目标的理性行为，这些行为中大部分是偏离生态市建设目标方向的，这就需要不断地调整主体所处的制度环境，通过构建不同的激励、约束制度体系来改变主体的利益结构。在特定制度环境中的利益主体必然会由“理性经济人”的身份转变为“比较利益人”，在各种制度激励条件下，权衡自身利益得失后制定出最优行动策略。

基于利益分析所确立的研究途径，生态市建设的顺利推进主要依赖于各利益主体行动策略的有机结合。地方政府、企业型利益群体、公众型利益群体是生态市建设中主要的利益主体，分别具有不同的行为机制，这也是本书的重点所在。

地方政府作为生态市建设中的核心力量，对整个建设过程具有重要影响。

它应当是公共利益的代表，但受政治锦标赛、财政分权、政绩考核的利益激励，有时会表现出政府自身利益扩大化的诉求，这就容易造成地方政府在行使职能时出现政府利益与公共利益之间的矛盾。在这种双重利益驱动下，地方政府凭借公共权力、公共资源与其他利益主体结成利益同盟，对生态市建设产生的影响既有积极的也有消极的，改变利益激励条件是促使地方政府在生态市建设中发挥主导作用的前提。

内蒙古属于资源型城市，生态市建设过程中涉及众多类型的企业，本书依据行政级别、生产规模将其划分为：大型垄断企业、中型企业集团和小型企业群体三类。伴随社会转轨、经济转型、市民社会的壮大，市场经济中现代企业的利益认知不仅表现为对经济利润的追求，还表现为对社会地位、声誉、产品信誉度等一系列与社会责任相关的诉求。因此，不同类型的企业对生态市的主观利益认知不同，加之本身具有的资源条件也不尽相同，即使在相同的利益激励条件下，产生的行动策略也各不相同，从而对生态市建设产生的不同程度的影响。所以应针对不同企业集团的特征构建激励性制度体系，挖掘真正影响他们利益得失的制度根源，鼓励企业集团为生态市建设贡献积极作用。

生态市建设中最广泛的一类主体为公众利益群体，主要包括环保组织和碎片化的公众群体。他们各自的利益认知、资源条件都不相同，如何构建合理的制度环境促使公众群体可以凭借自身优势推动生态市建设，是优化公众群体行为方式的关键所在。

由于人的任何行动都是在特定的制度环境下进行的，生态市建设也不例外。面对多元利益主体间冲突愈演愈烈，主体间的利益差距已经扩大到极端化，迫切需要掌握公权力和公共资源的政府机构对现行制度进行纠偏，重新构建合理化的制度体系，来引导主体行为朝着有利于公共利益的方向运行，从而化解生态市建设中极端化的利益矛盾、利益冲突。因此，本书通过改变利益激励条件即制度环境，提出构建激励性制度体系，从完善环境法激励体系、健全政府管理体制、健全经济性制度激励及完善公众参与制度四方面，来引导主体选择更符合公共利益的主体利益实现方式，促成生态市建设顺利执行。这种研究思路强调主观利益认知与客观制度体系相结合，在合理运用客观资源的条件下，引导主体制定出正确的行动策略，改变了单纯依靠决策体制、组织结构、规则制度对问题进行的经验性描述方法，为推进生态市建设提供了新的研究思路。

二、研究方法

（一）行为分析

所谓行为分析就是运用行为科学的理论与方法对人类行为进行的科学分析。[①] 由于人类的行为方式具有主体性、目的性、过程性、因果性和多样性等特点，所以面对具体政策时他们如何行动（合作、竞争、不作为），相互间存在着错综复杂的逻辑联系。本书通过利益认知、资源条件与利益激励三方

---

① 参见丁煌:《政策执行阻滞机制一项基于行为和制度的分析》，人民出版社，2002 年，第 82 页。

面对生态市建设中的地方政府、企业型利益群体和公众利益群体三方主体的行动策略进行分析,探寻行为发生的规律性、预测行动结果走向,从而实现正确引导、激励利益主体朝着生态市建设的目标方向运行,推进生态市建设。

(二)比较分析

比较分析法就是依据一定的标准对两个或两个以上有联系的事物的相似性或相异性的研究和判断,希望找出它们之间的共性和特殊性。本书对呼和浩特市、包头市和鄂尔多斯市中污染物排放占有比例较大的重点工业行业,依据企业行政级别、经营规模和产能收入将其划分为:大型垄断企业、中型企业集团和小型企业群体,比较三种不同类型集团组织的特征、利益认知、资源条件等因素,从而分析企业在生态市建设中的行为方式。

(三)案例研究

案例研究法以典型案例为素材,通过具体分析、解剖,促使人们进入真正的情境中寻求解决实际问题的方法。它属于经验研究的一种,强调事物发展的实然层面,是补充规范研究的一种方法。本书基于利益分析理论对不同主体间的行动策略进行规范性分析的基础上,引入案例研究,有针对性地走访环保部门、若干工业园区、草原牧区,通过访谈、收集案例的形式,调查企业集团的生产经营对当地社会、环境、经济发展形成的现实影响;与公众进行实地访谈,针对生态市政策实施后公众群体的实际生活状况、基本利益诉求,以及对政策的反馈信息进行调查。

第四节　本书的创新之处

一、研究视角创新

生态市建设是"建设美丽中国,实现中华民族永续发展"的重要组成部分,学术界对此进行了许多相关研究,但现有文献大多强调生态市建设的实践效果与技术手段。本书为了解决生态市建设中的有关问题,改变了公共管理学界先前单纯依赖决策体制、组织结构及规章制度对生态市建设情况进行经验性描述的思路,提出以利益分析为视角,对生态市建设中多元利益主体的行为机制进行研究,探寻主体行为的主要制约因素,有针对性地提出推进生态市建设进程的建议,有助于该项政策的顺利发展,从而在研究视角方面有所创新。

二、分析框架创新

本书构建了“利益认知、资源条件、利益激励”产生行动策略的分析框架,对生态市建设中各主体的多样化行动策略进行了详细研究,试图归纳和展现各主体在权衡自身利益得失后制定出的行为策略。这一分析框架将主体行为与制度因素相结合,有利于从深层次发掘导致不同主体行为偏离公共利益方向的根本原因,从而调整利益激励条件建立和完善相应制度体系,来引导主体选择更符合公共利益的自身利益实现方式,从而有利于推动生态市建设顺利执行。

三、通过相关利益群体的分类为同类研究奠定基础

本书将生态市建设中涉及的利益群体进行结构性分类,尤其是对企业型利益群体以行政级别和生产规模为标准划分为:大型垄断企业、中型企业集团及小型企业群体,它们的组织特征、政治地位、利益目标、资源条件不同,与其他主体的利益互动方式也不相同,其中资源条件的差异性是影响主体行为方式的重要因素,资源条件是利益交互的筹码和资本。因而需要对企业型利益群体进行结构性分类,理清不同主体的特点,这样才能进一步采取相应措施化解政府与企业、企业与公众、企业与企业间的利益矛盾、冲突,推进生态市建设走向公平化、高效化。

第二章 基本概念与理论基础

第一节 基本概念

一、利益、公共利益、政府利益

(一)利益

利益的概念由来已久,不同学者对它的界定持不同的观点,主要可分为三种:主观需要论、客观论、关系论。持需要论观点的学者认为:“人以其需要的无限性和广泛性区别于其他一切动物。”①需要具有多样性,马克思主义创始人从哲学的高度把人的需要分成生存需要、享受需要和发展需要三个层次。美国著名心理学家马斯洛提出了“需要层次理论”,把人的需要从低级到高级分为生存需要、安全需要、社交需要、尊重需要和自我实现需要五个层次。这两种划分的层次虽有所不同,但方法基本相似,把人的需要基本上分为物质需要和精神需要。利益就是需要的满足,它不只限于主观幻想阶段,当人在满足了基本的衣、食、住、行后就会追求更高层次的需要,如文化、关系的需要。

前捷克斯洛伐克思想家奥塔·锡克则认为:“利益是人们满足一定客观产生的需要的集中的持续较长的目的;或者这种满足是不充分的,以致对其

① 《马克思恩格斯全集》(第49卷),人民出版社,1982年,第130页。

满足的要求不断使人谋虑;或者这种满足(由于所引起的情绪和感情)引起人的特别注意和不断重复的。"[①]《中国大百科全书》哲学卷中将利益定义为:"人们通过社会关系表现出来的不同的需要。"[②]这就表明利益是随着人的需要和欲望的发展而产生的。这种观点存在片面性,需要具有主观性,是人伴随环境变化而产生的一种主观上的物质或精神需求,忽视利益的客观性,不能构成利益存在的必要条件。

利益客观论的观点认为,利益就是主体追求的客观事物。法国学者保尔·昂利·霍尔巴赫(Paul – Henri Dietrich Baron' d Holbach)指出:"利益就是每一个人根据自己的性情和思想使自身的幸福观与之联系的东西;换句话说,利益其实就是我们每个人认为对自己的幸福是必要的东西。"[③]克洛德·阿德里安·爱尔维修(Claude Adrien Helve' tius)将利益看作一切能让我们增进快乐、减少痛苦的东西。我国经济学家苏宏章将利益界定为:"在一定的社会形势中由人的活动实现的满足主体需要的一定数量的客体对象。"[④]陈庆云等人将利益定义为:"利益是人们为了生存、享受和发展所需要的资源和条件。"[⑤]持客观论的学者将利益看作人们所追求的事物,简要地说利益是一种好处,由此而引发人们的强烈需求。

持关系论观点的学者认为:"人们奋斗所争取的一切,都同他们的利益有关"[⑥],但这一切必须通过劳动这一实践来实现,而要进行劳动必须结成一定的社会关系,此时的利益就表现为一种关系。马克思指出:"人的本质并不是单个人所固有的抽象物,在其现实性上,它是一切社会关系的总和。"[⑦]在社会关系中,人的需要通过一定的社会关系转化为人的利益关系。"利益是处于不同生产关系、不同社会地位的人们由于对物质和精神的需要而形

---

① [捷]奥塔·锡克:《经济—利益—政治》,王福民译,中国社会科学出版社,1988 年,第 263 页。
② 张国均:《邓小平的利益观》,北京出版社,1998 年,第 2 页。
③ [法]保尔·昂利·霍尔巴赫:《自然的体系》,管士滨译,商务印书馆,1999 年,第 271 页。
④ 苏宏章:《利益论》,辽宁大学出版社,1991 年,第 21 页。
⑤ 陈庆云、勤益奋:《论公共管理中的利益分析》,《中国行政管理》,2005 年第 5 期。
⑥ 《马克思恩格斯全集》(第 3 卷),人民出版社,1971 年,第 82 页。
⑦ 同上,第 7 页。

成的一种利害关系"[①],也可以称之为竞争关系。这一定义既承认了利益存在于对资源的需求中,也承认了利益存在于主体间的竞争关系中。也就是说,利益并不是主体或客体相互独立的实体范畴,而是一个主客体的关系范畴。[②]

因此,在总结众多学者观点的基础上,笔者对本书中利益的界定分两个层次:其一,利益是主体为了自身的生存和发展而对客观资源的获取需求,存在于主客体关系中;其二,由于所需求客观资源的稀缺性,因而主体对客观资源的获取需求会与其他主体的获取需求发生竞争关系,即利益总是处于主体间资源获取需求的竞争关系中,这是一种主体间关系。综合上述两点,可以说,利益是在一定的竞争关系中,主体为了自身的生存和发展而对客观资源的获取需求。

在特定的历史条件下,社会所能提供的用来满足人们利益要求的资源和权力是有限的,这就需要对有限的资源进行分配。公共政策承担着价值分配的职能,利益及由不同利益主体结成的社会利益关系,构成了公共政策价值分配的依据。[③] 因此,利益产生于人们追求无限的需要和欲望当中,并在这一过程中形成了一定的社会利益关系,公共政策反映的就是这种社会利益关系,主体自身利益间的关系不在本书研究范围之内。利益关系的形成源于主体间利益差别的存在,基于一定利益差别形成的利益主体之间的关系才构成利益关系。各种社会利益关系间存在复杂性,分为横向的、纵向的,直接的、间接的,主要的、次要的等多种划分类型。各种各样的利益之间互相作用、互相影响、互相制约,影响着公共政策过程。

(二)公共利益

公共利益是公共政策的核心价值取向。对于它的内涵学者们众说纷纭,有从公共利益与执行机构间的关系出发阐述定义的,如亨廷顿认为:"部

---

① 王沪宁:《政治的逻辑——马克思主义政治学原理》,上海人民出版社,1998 年,第 483 页。

② 参见丁煌:《政策执行阻滞机制及其防治对策:一项基于行为和制度的分析——新世纪学术文丛》,人民出版社,2002 年,第 69 页。

③ 参见王春福:《有限理性利益人与公共政策》,中国社会科学出版社,2008 年,第 39 页。

分地解决这个问题的办法就是从统治机构的具体方面着眼给其下定义……公共利益既非先天存在于自然法规之中或存在于人民意志之中的某种东西，也非政治过程所产生的任何一种结果。相反，它是一种增强统治机构的东西，公共利益就是公共机构的利益。"[①]这种将某些机构组织的利益等同于公共利益的观点，存在局限性。E. R. 克鲁斯(E. R. Cruise)认为："公共利益指社会或国家占绝对地位的集团利益而不是某个狭隘或专门行业的利益。公共利益表示构成一个政体的大多数人的共同利益。"[②]这种观点将代表公共利益的主体范围扩大化，但仍没有摆脱部分人的局部利益倾向，这种集团利益仍不具有公共性。

我国学者从不同角度对公共利益进行界定。刘玉蓉认为："公共利益是指在特定社会条件下，能够满足作为共同体的人类的生存、享受、发展等公共需要的各种资源和条件的总称，即具有社会共享性的全社会的整体共同利益。"[③]周义程认为："公共利益与公共事务之间有着密不可分的联系。公共利益是符合社会全体或大多数成员需要，体现其共同意志，并使其共同受益的那类利益。"[④]公共利益是公共事务的政策目标，而公共事务是公共利益表现的载体，需通过公共事务来体现公共利益的存在。公共事务是公共管理的客体，是社会共同需求的产物，也可看作公共利益的外在表现。"公共管理的目的和本质在于维护、实现、增进和公平地分配公共利益，不断满足社会的公共需要。"[⑤]但公共管理的政策目标并不只限于维护公共利益，"公共管理实现的应是以公共利益为核心的社会利益的最大化，而社会利益包括具有社会分享性的公共利益、组织分享性的共同利益和私人独享性的个

---

① ［美］塞缪尔·亨廷顿等：《变化社会中的政治秩序》，王冠华等译，生活·读书·新知三联书店，1989 年，第 23 页。

② ［美］E. R. 克鲁斯、B. M. 杰克逊：《公共政策词典》，唐理斌等译，上海远东出版社，1992 年，第 930 页。

③ 刘玉蓉：《析政府利益与公共利益的关系》，《四川行政学院学报》，2004 年第 4 期。

④ 周义程：《公共利益、公共事务和公共事业的概念界说》，《南京社会科学》，2007 年第 1 期。

⑤ 王乐夫：《试论公共管理的内涵演变与公共管理学的纵向学科体系》，《管理世界》，2005 年第 6 期。

人利益三个方面的内容”①。

以上学者对于公共利益的界定都存在一些共同点,即承认公共利益与资源、条件有关,与需求人数的多少没有关系;多数人的利益不一定代表公共利益;公共利益具有非排他性,任何人对它的享有不影响其他人对公共利益的享有。因此,要想合理界定公共利益,必须先弄清楚什么是“公共”范畴。公共在英文中为 public,表明事物的属性具有公共性,即公众所拥有的,归属于大家的,不只是个人所有的。那么什么事物才是归公众所有呢? 这与人的社会性、事物的不可分割性有关。人的社会性决定了一些需求相同、相似的人们必然结成群体,形成公众;事物的不可分割性决定了某些人群可以无差别地分享。② 公共利益不是凭空想象的,而是客观存在的,一些理想主义者、理性主义者和现实主义者从他们各自的立场出发定义的公共利益概念都存在片面性。理解公共利益必须和现实性相联系,这与需求的无限性变化也是分不开的。

因此,公共利益是在某一社会环境下,为了满足社会公众共同生活所需的利益,它具有无差别的社会分享性。公共利益强调的是利益本身的性质,与“私人利益”“共同利益”相对。

(三)政府利益

目前学界对政府利益的界定存在三种观点:一是政府利益即国家利益。政府是由庞大的机构和公务员组成的科层组织,“它是国家机器中的执行机关,代表国家实施公共管理,以国家的名义执行宪法、法律和法规,而国家又是统治阶级的机器”③。从这一观点出发认为政府利益就是国家利益,统治阶级的利益构成就是政府利益的核心内容。二是政府利益即政府自身利益。这种观点“将政府看作是市场经济中的利益主体之一”④,认为政府和企

---

① 陈庆云、勤益奋、曾军荣:《论公共管理中的公共利益》,《中国行政管理》,2005 年第 7 期。

② 参见[美]盖伊·彼得斯:《政府未来的治理模式》,吴爱明等译,中国人民大学出版社,2001 年,第 82 页。

③ 余敏江、梁莹:《政府利益、公共利益》,《公共管理求索》,2006 年第 1 期。

④ 涂晓芳:《政府利益对政府行为的影响》,《中国行政管理》,2002 年第 10 期。

业一样，都有要维持组织生存所必需的利益需求，追逐个人利益最大化是他们共同的诉求。丹尼斯·C.缪勒认为："毫无疑问，假若把权力授予一群称之为代表的人，如果可能的话，他们也会像任何其他人一样，运用他们手中的权力谋求滋生的利益，而不是谋求社会的利益。"[①]此时的政府利益多体现为组成政府机构的一些部门、个人的共同利益。当这些部门、个人的共同利益与公共利益相背离时，此时的政府利益不是谋求社会的利益，而是谋求政府自身权力的利益，有学者将其称之"政府自身利益"。三是政府利益即公共利益。持这种观点的学者认为："目前存在的政府自利不是政府的应有现象，它是政府发展不成熟的表现，是一种必须经过努力才能克服的现有现象。政府是一种特殊的组织形态，有自己独特的属于公共利益的个性。"[②]上述观点存在局限性，没有考虑到公共利益是超越一切组织利益、个人利益之上的社会共同体利益。片面地把政府利益等同于国家利益、个人自身利益、公共利益的观点，忽视了政府双重代理人的组织特性。从一般逻辑出发，政府作为一个复杂的利益主体，其利益主要是指政府对于满足自己客观需要的社会稀缺资源的占有，是政府机构中存在的一种非社会分享性的特殊利益。这一定义包含以下几层内涵：

（1）政府利益具有排他性，政府所掌握的资源总是有限的，而政府所面对的公众对利益的需求却是无限的，用这些有限的资源满足了某一群体的某种需要，就不能满足其他社会群体的同类需要。

（2）政府利益具有多维度性，表明它与公共利益不完全吻合，组织、个人利益的存在具有客观性。

（3）政府利益具有强势性，政府作为利益主体，较之于其他利益主体在利益分配关系中具有很强的优势，不仅具有很广泛的话语权，而且在一定程度上掌握着分配上的操纵权。

---

① ［美］丹尼斯·C.缪勒：《公共选择理论》，杨春学等译，中国社会科学出版社，1999年，第303页。

② 任晓林、谢斌：《政府自利性的逻辑悖论》，《国家行政学院学报》，2003年第6期。

二、利益矛盾与利益冲突

利益矛盾是利益关系的一个侧面,它是指不同利益主体的利益之间和它们与共同利益之间的差异而形成的矛盾。[①] 这种矛盾存在于个体之间、个体与群体间或群体与群体间。由于利益主体的多元化、同一利益关系中不同的利益诉求产生了利益差异化,导致利益矛盾;还有不同利益主体对同一利益客体有共同需求时也会产生利益矛盾。利益矛盾一般分为纵向和横向:纵向指个人利益与群体利益、国家利益的矛盾,如保护性政策、选择性执行、不作为等都是官员个人利益与政府部门利益、政府公共利益间产生矛盾导致的现象;横向指个人之间、群体间、政府部门间的内部矛盾,如跨流域水污染治理中的搭便车、利益群体间的资源竞夺、政府机构内部的官员锦标赛等现象,都是横向利益矛盾所导致的后果。

利益冲突不同于利益矛盾,是利益矛盾的激化阶段。利益冲突表明不同的利益主体由于所追求的利益目标不同,处于自觉或不自觉的对立之中,从情绪对立发展到行为对立。[②] 冲突的形式多表现为一方企图说服、威胁、施惠、控制,甚至伤害或者消灭另一方,利益主体间的关系是一种争夺、竞争、争执的紧张状态。利益冲突存在两种形态:竞争性和非竞争性。竞争性的利益冲突中利益主体间的关系是对抗性或替代性的;非竞争性的利益冲突中利益主体间的关系是协调性或互补性的。当然,两个利益主体间的利益冲突可能具有多重性,即对抗性与协调性共存。

由于客观地存在着不同的利益主体、不同的利益需求、不同的行为方式及不同质和量的资源,所以这些具有不同利益需求的主体在资源相对稀缺的社会环境中,彼此间存在着利益矛盾和冲突是一种正常现象。人的利益关系是社会关系的基本表现形式,所有社会矛盾、社会冲突都可以看作利益

---

① 参见王浦劬:《政治学基础》,北京大学出版社,2006 年,第 58 页。

② 参见王伟光:《利益论》,人民出版社,2010 年,第 152 页。

矛盾、利益冲突,它们都是利益互动的一种形式,也是推动社会发展的动力。人类社会的前进从利益分析的角度可以看作是利益冲突与利益协调的不断交织过程。利益及相关概念的界定是利益分析方法的逻辑前提,明确了利益的内涵才能为借助利益分析方法研究生态市建设奠定基础。

三、生态市建设

(一)生态市的内涵

生态城市和生态市的概念近似,国外称之为绿色城市或绿色社区,本书中的生态市是中央政策性文本中所使用的概念。事实上,生态市的概念是一个新兴概念,它是基于生态而衍生出来的。德国动物学家伊·海克尔(Iraq Haeckel)于1869年最早提出生态的概念。他认为:“生态就是有机体与环境的相互作用、同种及异种有机体之间的相互作用的关系。这表明生态不是以某一主体为中心,而是强调包括生物和非生物等各种要素之间的相互联系、相互作用的关系及其构成的系统,人类作为自然中的一员,当然也身处在生态系统之中。”①生态市其实就是人类与周围环境(社会、经济、政治、文化)之间相互作用、相互联系的一个生态系统,而这种相互联系是在人类与生态环境相互作用的过程中体现出来的。20世纪70年代,联合国教科文组织发起的“人与生物圈(MBA)”计划首次提出了“生态城市”,其理论从最初在城市中运用生态学原理,已发展到包括城市自然—经济—社会协调发展的复合型综合城市发展目标。

之后,我国学者从社会、经济和环境三方面的联系来界定生态市。卞有生、何军认为:“生态市(含地级行政区)是社会经济和生态环境协调发展,各个领域基本符合可持续发展要求的地市级行政区域。”②中国科学院生态环境研究中心王如松教授论述了生态市主要指:“以可持续发展为理念,地市

① 转引自范俊玉:《政治学视阈中的生态环境治理研究——以昆山为个案》,兰州大学2010博士研究生毕业论文,第18页。

② 卞有生、何军:《生态省、生态市及生态县标准研究》,《中国工程科学》,2003年第11期。

级行政区(含县域)以生态—经济—社会复合发展为前提,建设绿地、水体、大气污染防治工程,生态农业和生态工业等环保型生态产业以及生态文明、生态道德、生态法制型城市,是人们按照生态学规律规划、建设和管理城市的简称,其三个支撑点是生态安全、循环经济与和谐社会。"①这一观点为后续学者的研究提供了理论支撑。还有学者认为,生态市是全球或区域生态系统中分享公平承载系统份额的可持续子系统,它是基于生态学原则建立的自然和谐、社会公平和经济高效的复合系统,更是具有自身人文特色的自然与人工协调、人与人之间和谐的理想人居环境。② 文中的生态市概念借用中央环境保护部在《生态县、生态市、生态省建设指标(试行)》中的定义:"生态市(含地级行政区)是社会经济和生态环境协调发展,各个领域基本符合可持续发展要求的地市级行政区域,生态市是地市规模生态示范区建设的最终目标。"③

(二)生态市建设的特点

生态市建设本身就是一个政策执行过程,地方政府在贯彻中央政府关于生态市建设指标要求的前提下,依据地方自身条件将中央的生态市政策目标逐步细化为具体政策措施,这一过程具有以下三个特点:

1. 执行主体多元化

生态市建设是个费时、费力和费钱的系统大工程,单凭政府一方的力量是难以维系的,需要社会各方主体的参与和支持,共同治理是实现生态市的重要手段。如国家对地方生态市建设的考核指标中,要求该市要想成为生态市,必须先实现80%的生态县目标。可见,基层政府在生态市建设中也扮演着重要角色。

① 王如松:《生态政区建设的系统框架——生态安全、循环经济与和谐社会》,《环境保护》,2007年第3期。

② 参见郭秀锐、杨居荣、毛显强、李向前:《生态城市建设及其指标体系》,《城市生态》,2001年第6期。

③ 原国家环保总局〔2003〕91号:《生态县、生态市、生态省建设指标(试行)》,2003年5月23日。

2. 执行手段多样化

在生态市建设政策执行过程中涉及众多利益的调整，相关利益团体必然会借助自身的力量，影响执行的决定和执行手段的选择。比如政府在监督企业排污过程中就是政府与企业的利益博弈过程，需采取灵活、多样的执行手段约束、激励企业行为，通过反复利益博弈最终实现生态市建设的目标，提升生态市建设的有效性。

3. 共同利益最大化

生态市建设是多方利益主体寻求共同利益最大化的一个“讨价还价”的过程，盲目地追求公共利益及个人私欲的行为都是不切合实际的，只有实现个人利益、组织利益及公共利益间的有效契合，才可避免不必要的利益矛盾、冲突的发生，减损社会总收益、总福利。可见，共同利益就是介于个人利益、组织利益、公共利益之间的一种利益形态，它需要通过利益相关主体间的集体行动才可实现。

四、利益群体

在西方，利益群体的近义词为“利益集团”。对它的阐述主要集中在政治学、经济学和法学领域。1908 年，美国学者戴维·杜鲁门在《政治过程》中首次提出集团理论，将“利益集团视为政治生活的原材料，社会是集团的复杂组合，把政治过程解释为利益集团在政府内外相互作用的结果”[①]。戴维·杜鲁门将政策过程看作不同集团间通过竞争、合作的方式来改革制度，最终满足公众群体的利益需求。之后，杜鲁门引入经验研究法扩充了本特利的集团理论，认为“利益集团是任何建立在享有一个或更多共同理念基础上，并且向政府或其他社会机构提出某种要求的组织”[②]，说明利益集团试图通过政府机构实现组织利益诉求，这种利益诉求分为政治性的和非政治性

① [美]戴维·杜鲁门：《政治过程：政治利益与公共舆论》，陈尧译，人民出版社，2005 年，第 79 页。

② 同上，第 86 页。

的,表明了政治过程中政府与利益集团关系的复杂性。其中政治性利益诉求的集团多为压力集团,他们试图借助“一群共同利益的人组织起来对政治过程施加压力”[①],但是他们并不组织颠覆国家政权。就如《布莱克维尔政治学百科全书》中指出的“利益集团是致力于影响国家政策方向的组织,它们自身并不图谋组织政府”[②]。这些学者都是从政治学的视角对利益集团的概念进行界定的。

还有些学者如奥尔森(Olsen)、斯蒂格勒(Stigler)、佩兹曼(Boltzmann)、贝克尔(Becker)等,从经济学的视角将利益集团置于竞争性的动态制度环境中,与政府进行讨价还价,从而对利益集团的内涵提出了不同的见解。奥尔森认为,利益集团是个人为了寻求私利而组织起来的团体,利益集团通过游说、疏通等活动影响政策过程朝着有利于集团利益的方向倾斜,但并不试图阻止政府。这种看法将利益集团与在野党、“革命党”进行了有效的区分。1971年,斯蒂格勒在利益集团理论的基础上开创了国家俘获理论,就是政策被管制者所在的利益集团以某种利益输送方式将政策管制者、立法者俘获,使得该机构能够为利益集团提供更优惠的政策措施。20世纪80年代,诺斯(North)在经济学专著中更进一步地说明了利益集团之间的博弈结果直接影响经济制度的演进方向。还有芝加哥学派的利益集团理论强调利益集团在公共政策过程中的作用,政策决策者集中于在利益集团激烈的竞争中进行协调,集团比分散的消费者群体更有动机影响政策走向。

利益集团在西方国家早已发展成熟,并具有独立的政治地位和维权能力。由于政治体制、经济与社会环境的差异,我国利益群体在分类、功能、利益表达、政治参与方面与西方国家有着很大区别,甚至有些学者都不愿承认利益群体的存在。我国学者对利益群体的研究开始于20世纪80年代,以李东升为代表的人认为,它的“存在表明,个人是软弱的,他无力以自己的力量

---

① [美]加里沃塞曼:《美国的政治基础》,陆震纶等译,中国社会科学出版社,1994年,第182页。

② [英]戴维·米勒等:《布莱克维尔政治学百科全书》,邓正来译,中国政法大学出版社,2002年,第385页。

支付保护自己的利益和实现自己的主张所需要的交易费用”[①]。国家组织不可能洞察并满足所有个人的利益保护要求，而政党组织也无法代表社会上所有个人的利益，尤其是局部的利益。[②] 所以利益群体就成了人们表达利益、维护自身权益的一种工具、途径。伴随着市场经济的发展，人与人之间的利益竞争逐渐加大，当个人的利益表达在市场经济中遇到困难时，人们便习惯性地寻求群体来增强自身利益诉求的表达。可见，利益群体是市场经济发展的必然产物。2000 年之后，我国学者对利益群体的研究逐渐广泛起来，有些学者基于利益目标一致性提出，它“是具有特定共同利益的人们为了共同的目的而结合起来，采取共同行动的社会团体”[③]。张雅勤、李昌全认为，它“是指社会中有共同利益的人群自愿组成的团体，他们有着共同的利益和文化价值取向，并积极参与社会政治活动和事务”[④]。

还有一些学者从政治学的视角来界定利益群体，认为它“就是在政治共同体中具有特殊利益的团体，他们力图通过自己的活动来实现自己的特殊利益”[⑤]。他们是为了争取或维护共同利益，以一定方式组织起来、致力于影响国家政策的人或团体的集合。[⑥] 他们的利益表达从经济领域延伸到政治领域，希望通过对政策的影响来满足自身利益，利益群体政治性与社会性的基本属性在这里表现得淋漓尽致。

压力群体与利益群体是有所区别的，压力群体指现代社会中那些不具备政党条件，不准备夺取政权的、但却积极参与政治活动，力图影响公共决策的、取得了直接政治意义的利益群体。[⑦] 两种群体的活动范围不同，压力群体热衷于参与政治活动，利益群体的活动范围有政治活动、社会活动及经济活动，尤其是社会性利益群体的实力正在逐步壮大，他们的活动范围多集

---

① 李东升：《和谐社会建设中的利益集团问题研究》，《湖北行政学院学报》，2007 年第 1 期。

② 参见毛寿龙：《政治社会学》，中国社会科学出版社，2001 年，第 233 页。

③ 王浦劬：《政治学基础》，北京大学出版社，2008 年，第 39 页。

④ 张雅勤、李昌全：《论我国利益集团政策参与的制约因素及其化解对策》，《公共行政》，2006 年第 2 期。

⑤ 王沪宁：《比较政治分析》，上海人民出版社，1987 年，第 116 页。

⑥ 参见段秀芳：《关于中国“利益集团”的概念辨析》，《政治学研究》，2008 年第 3 期。

⑦ 参见沈仁道、杨明：《利益集团的概念和分类》，《政治学研究》，1986 年第 3 期。

中于公益性的、为弱势群体维权方面的活动。

在借鉴中西方学者关于利益群体概念界定的基础上，本书中的利益群体主要指一群有共同利益目标的人组织起来，并试图运用自身资源影响政策发展，在多方主体的利益竞争中最大限度地实现集团利益最大化的组织，政府组织不包括在内。政治性或社会性是它的基本属性；共同利益、组织形态及协同行动是它的组成要素。利益群体指一群人为了某个目标临时集结起来的组织，共同的利益目标是它形成的基本条件，利益群体自身的资源稀缺性使得它一般处于社会中的弱势群体地位。

五、制度分析

学界对制度的定义大体分为两种："一是认为制度是社会中个人或组织所应遵循的行为规则的集合体，这些规则涉及社会、政治和经济方面的行为。"[①]诺斯的观点具有一定代表性，即"制度是一系列被制定出来的规则、守法程序和行为的道德伦理规范，它旨在约束追求主体福利或效用最大化的个人行为"[②]。由于个体为自身谋求利益最大化是其本能，所以需要通过制度约束使得社会运行与组织成为可能。第二种观点认为，组织本身就是一种制度，以拉坦的观点："制度与组织没有差别，因为一个组织（家庭或企业）所接受的外界给定的行为规则是另一个组织的决定或传统的产物。"[③]制度作为一种规则包括正式制度和非正式制度，如法律、法规、政策规章及风俗习惯、道德规范、社会责任等。本书所及的制度指一些特定的制度安排，即个人和集体在某些特定的政治、经济、社会等领域所应遵循的行为规则，并非完整的制度结构。

---

① ［美］科斯、阿尔钦、诺斯：《财产权利与制度变迁》，刘守英译，上海人民出版社，1994年，第251～265页。

② ［美］道格拉斯·C.诺斯：《经济史中的结构变迁》，陈郁、罗华平译，上海人民出版社，1994年，第225～226页。

③ ［美］科斯、阿尔钦、诺斯：《财产权利与制度变迁》，刘守英译，上海人民出版社，1994年，第327～370页。

从整个人类社会生产方式的运动与发展来看，先有人们之间的经济利益关系存在，而后通过一定的制度形式使这种利益关系得到确定和保障；从社会制度的起源和层次结构来看，先有利益关系而后有所有制关系，进而在既定利益关系、所有制关系和生产关系的基础上，获得政治制度、法律制度和社会意识形态等全部上层建筑的支持。因而社会制度的本质和最基本的内容是利益制度，即保障、维护、协调利益的制度。

第二节　理论基础

要厘清利益分析理论是如何诠释主体行为方式的，就要先弄明白何谓主体行为？按照心理学的理解，“行为是生物的基本特征”[①]，人与动物都具有行为能力，人类的行为可以简单地理解为人类在社会事件中表现出的动作。这种行为一般发生在两种情况下：一是在受到外界因素的刺激下，主体为了适应环境而做出的行为，它强调主体与客观环境刺激间的因果关系，属于心理学中的行为主义学派；二是主体内在机能的需求，属于心理学中的人本主义观。构成行为的基本要素通常有：行为主体、主体动机、刺激因素、环境条件，以及行为主体对刺激的感知、思维、反应等。这些要素使得对主体行为预测是一个相当棘手的问题。[②] 可见，一切对主体行为的分析都不能离开生物性和人性，它们是主体行为的最基本属性，引导主体对客体产生不同需求。

利益分析理论认为，应当从主体满足自身利益需求的角度对主体行为展开分析。首先，利益是推动主体行为产生的动力。人的一切行动都源于需求，为了满足自身需求，主体必须在社会关系中充分运用自身资源条件，建立与其他主体间的利益互动。而追求利益的行为动机是在人们对利益主观认识的基础上产生的，随后，这种动机就在人们追求满足主观需要的力量

---

① ［美］B. F. 斯金纳：《科学与人类行为》，谭力海等译，华夏出版社，1989 年，第 43 页。

② 参见丁煌：《政策执行阻滞机制及其防治对策：一项基于行为和制度的分析》，人民出版社，2002 年，第 90 页。

中表现出来。动机决定了主体制定出某种行动策略的倾向性,表明了主体对满足自身需求的渴望,但并不决定行动的发生,自身资源条件的存在才是推动主体制定出具体行动策略的物质基础。因此,利益是人类社会活动的基本需求,而利益认知是支配主体行为的主要驱动力。哈贝马斯说:“利益驱动的问题是要说明,在一个利益分化的社会里,利益的问题是激发人们行为的直接或间接的源泉。”[①]利益分析理论中多元主体的行动策略受“利益认知、资源条件、利益激励”三方面因素的影响。本书的研究思路都是以“比较利益人”为前提假设,即利益主体要在利己与利他之间进行比较权衡。

一、“比较利益人”假设

(一)内涵

古今中外,人性问题一直是人们争论不休的一个话题。在这一争论中,人们的观点主要有两种,即“经济人”和“公共人”。

首先,无论中西方国家,最早的人性论中就暗含有自利的假说。中国古代的思想家荀子与孟子强调人性恶,指出礼就是为了满足个人的欲望和需要而规定的制度和规范。“经济人”假设作为“性恶论”的一种理论形态,在西方社会非常流行,并且成为西方经济学的“公设”。古希腊思想家苏格拉底认为,人的灵魂是有理性的,人的理性本性与道德本性是并行不悖的。他的学生柏拉图进一步说明人的灵魂是由理性、意志和欲望三个部分构成的。之后亚里士多德提出了人是理性的动物,而且也是天生的政治动物,这些“理性人”的假说影响深远。18 世纪英国经济学家亚当·斯密从经济学的角度提出了“经济人”假设,认为在经济活动中人的最终目标就是追求自身经济利益。在20 世纪六七十年代,詹姆斯 · 布坎南(James Buchanan)等人又把“经济人”假设引入政治学领域,并创立了公共选择学派,这使得“经济人”假设在西方影响更大、更广泛。这种完全否认追逐公共利益的“公共人”存在的人

---

① 转引自桑玉成:《利益分化的政治时代》,学林出版社,2002 年,第 46 页。

性假设，对于公共行政领域的研究起到了一定的负面影响，它忽视人性的基本特征及制度环境的变迁来研究人性假设，在某种程度上存在一定局限性。

其次，与上述“性恶论”相对立的“性善论”认为，人生而具有同情心，有利他的倾向，乐于行善。中国古代思想家孟子提出了人性善说，认为国家要以救济穷人、减轻刑罚、赋税等手段治理国家。正是在这种观念的作用下，中华民族在漫长的历史长河中形成了“尊老爱幼”“仁义”“先天下之忧而忧，后天下之乐而乐”等传统美德。“公共人”就是“性善论”的一种理论形态。传统的公共行政将公共管理者看作大公无私的“公共人”，认为他们是人民的公仆，否认了狭隘的个人私利的存在。

最后，“比较利益人”假设认为“经济人”和“公共人”极端式的人性假设在公共管理领域存在一定局限性。以上两种观点脱离人的社会性与文化差异性来研究人性，必然存在片面性，不能解释人类全部的行为动机。人性的社会性指人不是孤立存在的，人生存在家庭、朋友、同事等不同社会空间中，社会性是人的基本属性；人的文化差异性指人生存在不同的历史条件下，存在一个时间上的演化过程中，因而具有不同的文化背景和依归。人性的自然性、社会性和文化性等特征使得利益主体在特定的制度环境下，应是对多种利益得失进行权衡的“比较利益人”。这种人性假设使得人的行为动机一定是多元的、复杂的、变化的，不同人的行为动机存在差异性；即使是一个人在不同领域中的行为动机也会不同；既有利己的，也有利他的，这与人的社会环境及文化差异有着密切联系。

（二）“比较利益人”假设与制度设计的关系

成功的制度设计应该建立在“比较利益人”假设之上，因为它认识到人性中有“恶”和“善”两种内在的倾向，而这两种潜在的倾向能否变成现实与制度设计密切联系，具体说来，可以分成以下四种情况：一是约束“恶”的制度设计周密同时激励“善”的制度完备，则“恶抑善扬”；二是约束“恶”的制度设计周密，但激励“善”的制度缺乏，则“恶抑善未扬”；三是激励“善”的制度完备，但约束“恶”的制度设计不完备，则“善扬恶未抑”，这最终会导致出现“扬恶抑善”的局面；四是扬“善”和抑“恶”的制度设计都不完备，则“善未扬恶未抑”,其最终结果也是“扬恶抑善”。[1] 在上述四种情形中只有第一种是合理化的制度体系。合理化的人性假设前提下构建的制度体系,才会对人们的行动方式起到有效的激励和约束的作用。因此,“比较利益人”假设要求完善和建立制度体系,避免制度不健全或匮乏助长强势集团不合法的需求,损害弱势群体的正当利益诉求。这就要求在设计制度时,也要按照“比较利益人”的假设对人性加以合理的利用,设计出能充分维护和增进公共利益的制度体系。只有这样才能使公正合理的制度在实践中真正地得以有效地实施,从而使整个社会不断地走向和谐、进步之路。

二、利益分析理论

我国的行政体制改革就是政府转变职能的过程,同时也是市场主体、社会主体不断成熟的过程,由此引发了生态市建设中利益主体的多元化、利益目标、利益诉求的多样化,以及利益矛盾、冲突的显性化,主体间的不同行动策略直接影响生态市建设政策的执行效果。利益分析理论以“比较利益人”为前提假设,将“利益认知、资源条件、利益激励”共同影响主体行动策略的研究框架应用于生态市建设中的主体行为分析之中,对主体行为结果的差异性归因于利益激励条件的差异性,从而试图构建合理化的制度激励体系来引导主体行为方向,化解生态市建设中的利益矛盾、冲突,推进生态市建设顺利执行。

(一)利益主体

“主体”一词原本是一个哲学范畴,在古希腊哲学中,主体被称为某些特别状态和作用的承担者,相当于本体论中的实体概念。在现代哲学中,主体一般是指具有意识的人,而利益主体是指在一定的利益关系中,具有利益需求、和行为能力的人、社会组织、社会群体。任何政策的实施都必须依托一定的主体,需借助相关的利益表达者、利益追寻者和利益拥有者不断展开利

---

① 参见孙伯强:《公共管理中的人性假设与制度设计》,《云南社会科学》,2008 年第 1 期。

益互动来推动政策执行。内蒙古生态市建设过程中涉及的主要利益主体依据利益目标不同而分为：地方政府组织、企业型利益群体、公众型利益群体。

1. 地方政府组织

地方政府（Local Government），全称"地方人民政府"，在中国指相对于中央人民政府（The Central People's Government）而言的各级人民政府，按照中华人民共和国宪法第 95 条规定："省、直辖市、市、市辖区、乡、民族乡、镇可以设立人民代表大会和人民政府。"地方政府组织承担着一些关键性的社会职责，诸如保卫国家安全、提供社会保障服务、保护人类生存环境、保护无知或弱势消费者等一些存在巨大外部收益或成本的领域，不能完全交给市场来运营，需要政府组织的宏观协调。当前的政府组织都是由一些优秀人员组合而成，无论公务员或事业编制人员都是经过较为严密、公正的层级式考核选拔出来的。组织是由有意识的、相互协调的两个或更多个人的行动或力量为达到特定目的而创建的系统。[①] 它可以看作一种"联盟"，即一些具有共同目标，但不是所有目标都一致的人在一起工作的群体，它的利益目标存在复杂性、差异性；组织不是团队、团体，团队成员是为实现同一目标结合而成的群体，团队目标具有一致性是它成立的前提。无论哪种类型的政府组织都有着相同的特征，主要表现为以下四点："第一，必须是大型组织；第二，组织的绝大多数成员是全职人员，并且他们的大部分收入都依靠其组织中的工作，大多数成员都忠诚于该组织；第三，初期雇用人员的提升、留用和评估方式，至少都是基于他们在组织中的职责而定的，而不是按照个人特征或者由官僚组织的外部选民选出的官员来评定；第四，它产出的主要部分并不是直接或间接地由组织外部的市场通过权衡机制评估。"[②]

本书中的地方政府组织主要指城市政府，包括直辖市、地级市、县级人民政府（县级市）。它们在生态市建设过程中主要扮演政策执行者，通过多层次的委托—代理关系，借助公共资源和公共权力实现环境、经济、社会协

---

① 参见［美］切斯特·巴纳德：《经理人员的职能》，王永贵译，机械工业出版社，2013 年，第 73 页。

② ［美］安东尼·唐斯：《官僚制内幕》，郭小聪等译，郭小聪、李学校，中国人民大学出版社，2006 年，第 28 页。

调发展的相关政府职能部门。

2. 企业型利益群体

内蒙古生态市建设中涉及的企业型利益群体依据行政级别、产能收入指标可以划分为大型垄断企业、中型企业集团和小型企业群体。其中，大型垄断企业一般指一些行政级别高于地方政府、产能收入大于2000万元以上的大型央企或国控企业。它们以行业稀缺或资源条件为依托，借助公权力获取利益，生产的产品具有垄断性，产品产量受政府主导的多元市场因素影响。中型企业集团多指行政级别低于或与地方政府同级，或年产能收入大于500万元的规模型企业，如区属、市属、盟属的国有企业和私营企业。这类企业的种类多，与地方政府的利益摩擦最明显。以上两种企业构成的利益群体主要特点有：①利益群体不谋求政府政权，与政党不同。②这些利益群体内部利益主体间拥有一致的利益需求和价值认同。③政府对利益群体的产生、运行具有强大的影响力。④利益群体的合法性有时不是取决于公众，而是取决于政府组织，两者间形成了共同体利益联盟，影响着生态市建设过程的顺利推进。小型企业群体指除去前两种之后剩余的企业都归为这一类，一般它们没有行政级别，产能收入低于500万元，大多属于地方政府早期招商引资后形成的地方私营企业，生产规模相对比较小，造成的排污量在地区排污总量中的所占比例不大。它们是地方环保部门直接监控企业，主要的利益摩擦就是与地方环保部门，涉及上级政府的一般比较少，行为策略相对简单，而且组织性不强，所以称之为小型企业群体。上述三种企业的类型、划分标准如表2－1所示：

表2－1　生态市建设中企业型利益群体的划分表

标准 分类	企业类型	行政级别	年产能收入（万元）
大型垄断企业集团	央企、国控	高于地方政府	≥2000
中型企业集团	国有企业、私营股份制	低于地方政府或无	≥500
小型企业群体	私营企业	无	<500

3. 公众型利益群体

(1)环保组织

环保组织主要指个人或群体自愿组织起来的不以营利为目的,具有稳定组织行式、领导机构、固定成员,以环境保护为行动宗旨,介于政府与企业之外独立运作的一类社会组织。这一公共型利益群体的兴起对传统的“完全理性经济人”假设提出了质疑,将人们对利益的认知范围从物质性扩大到精神性,如社会地位、社会影响力、声誉等价值性层面。自愿型、公益性、正规性、独立性等特征决定了环保组织在生态市建设中应发挥积极作用。

为了研究方便,学者们将我国现有的环保组织分为三种:官办型、草根型和半官办型(合作型)。从目前的发展情况看,官办型的环保组织具备法律、行政上的合理性,但数量有限;草根型的环保组织数量多,但利益表达功能受限,行动效益达不到预期目标;半官办型(合作型)是最理想的环保组织发展趋势,财政资源的支持使其规模扩大化,政府的支持使其具备合法性权力,得到社会大众的广泛拥护,成了政府与公众互动的桥梁。这几种绿色组织有从业或兼职人员 20 多万,其特征有三:一是年龄多在 40 岁以下;二是 50% 以上拥有大学以上学历,13.7% 拥有海外留学经历,90.7% 的负责人拥有大学以上学历;三是奉献精神强,据调查,有 90.7% 的志愿者不计报酬。[①]可见,环保组织规模、成员素质及社会公信力正在逐渐扩大化,已成为生态市建设中的重要力量之一。

内蒙古地区比较有代表性环保组织有:环保产业协会、“绿色鄂温克”草原牧民环境保护协会、内蒙古楚日雅牧区生态研究中心、内蒙古土默川环保志愿者工作室、内蒙古草原环境保护促进会(天堂草原)、浑善达克沙地治理协会、赤峰沙漠绿色工程研究所、阿拉善生态协会、绿色图腾生态保护协会,以及农业大学的草原之子、内蒙古大学的环保先锋等众多学生组成的社团,它们都在生态市建设过程中发挥着积极的促进作用。其中阿拉善 SEE 生态协会是由 80 家企业领导人自发出资成立的民间环保机构,也是目前中国比

① 参见高丙中、袁瑞军:《中国公民社会发展蓝皮书》,北京大学出版社,2008 年,第 214 ~215 页。

较大的环保组织之一,机构的宗旨在于改善阿拉善荒漠化的环境问题,促使更多企业家承担环境责任和义务。该组织还成立了"生态基金奖",目的在于通过吸引企业或国际组织参与我国地区环境项目的实施,为生态市建设注入更多新鲜血液。

(2)碎片化的公众利益群体

"公众"是一个法学概念,各国的相关环境法规中一般都使用公众一词。1991年2月25日,联合国在芬兰缔结的《跨国界背景下环境影响评价公约》中,首次在国际环境法中对"公众"一词加以界定:公众是指一个或一个以上的自然人或法人。[①] 公众可以指具有共同利益目标,可以对政府政策过程提出建议和意见的自然人,也可以是外籍华人等,并享有一定权利、承担一定义务、受该国法律约束的自然人,公众的范围比公民要大。本书中"碎片化的公众利益群体"指没有正规组织机构为依托来实现利益表达,只限于零散的社会公众群体;它们一般是临时性的组织、规模大小不等,以维护个人利益而有目的性地集结起来的群体;利益表达能力受限、资源条件有限,一般也被学者们称为弱势利益群体,不包括非政府组织。

公众群体参与生态市建设过程,本质上就是公众维权意识主导下的集体行动,目的在于保障弱势群体的利益诉求和基本权益,避免强势集团的势力蔓延侵犯到个人利益。公众群体虽然没有地方政府和利益群体那样强大,占有的资源相对较少,也不具有环保组织规范化的行动章程,但是他们对生态市建设的影响力不可小视,可以为政府节约监督成本、规范企业行为、防止信息不对称造成的损失,已成为生态市建设中不可或缺的力量之一。

(二)利益认知

利益具有普遍性,人们为了维持生存、发展,彼此间形成既对立又统一的关系后就产生了利益,追逐利益的共同动机和本能对行为具有天然的导向作用,使人们无一例外地趋利避害、趋乐避苦。认知是现代认知科学的一

---

① 参见葛俊杰:《利益均衡视角下的环境保护公众参与机制研究——以社区环境圆桌会议为例》,南京大学2011年博士研究生毕业论文,第10页。

个核心概念,本质上就是认知主体对认知客体进行信息加工处理的一种十分复杂的心智活动。利益认知支配着人的利益欲望、利益兴趣,校正或强化动机,去从事长期的、坚定的旨在达到根本利益目的的谋利活动。它受人类具有的意识形态、道德观念及习惯的影响,分为物质性利益认知和价值性利益认知两种基本形式。

首先,物质性利益认知是人类低层次需要的表现,它是人们为了能够追逐更高层次的需要,如文化利益、精神利益及政治影响力等价值性利益的物质基础。物质性利益把利益的得失看作实实在在好处的获得、损失,如权力的交换、信息的获取、金钱的收益及人际关系的互动,目的是为了满足个人利益、部门利益、组织利益等局部利益。

其次,价值性利益认知。美国著名制度经济学家诺思认为:"从随机观察中可以发现,个人在成本、收益计算中仅以获得更多的尊严作为利益取向的行为模式是广泛存在的。"[①]价值性利益认知是支配人类追求更高层次利益需求的一种理念形式,它把利益看作名誉、声望、信仰等精神性利益需求。正确的利益认知是支配利益主体产生某种行为倾向的前提条件。

(三)资源条件

在经济学中,资源主要指投入生产活动的"生产要素"的总和,如资本、劳动力、技术、自然资源等。资源本身有两层内涵:一是主体满足需求的资源;二是主体自身资源禀赋。本书中的资源指人们用以进行社会活动的条件,它是社会活动的基本要素。[②] 这一意义上的资源不仅包括经济学中所指的资源,而且也包括权力、地位、声望、"关系"等资源。强势集团拥有众多的政治权力、经济影响力和知识精英团体,而且接近政治中心,从而使得它们可以比较容易地获取及时、准确的信息资源,通过畅通的利益表达渠道来建言献策,满足组织或个人的利益诉求。这一过程需要有"门路",即具有能够接触政治权威和影响决策者的通道。[③] 然而弱势群体由于不具备有利的资

① [美]诺思:《经济史中的结构与变迁》,阵郁、罗华平等译,上海人民出版社,1994年,第60页。
② 参见林德金等:《政策研究方法论》,延边大学出版社,1989年,第86页。
③ 参见王沪宁:《美国反对美国》,文艺出版社,1991年,第166~167页。

源，在政策安排、变动过程中发挥的作用无足轻重，话语权受限、合理的利益诉求无法通过正规渠道予以表达。可见，资源的占有情况直接决定了它们对政策的影响力及政策结果走向。接下来将主要分析政治资源、物资资源和信息资源。

1. 政治资源

政治资源指利益主体在政治场域中所拥有的政治资本、政治影响力和"关系网络"，以及本身所具备的政治技巧和经验。政治资源的获取与政治权力中心关系的远近密切相关，主要分为两种方式：一是以本身所拥有的政治资本为基础进行利益互动，影响政策结果；二是通过非正式的关系网络来牵动诸多资源的流动。盖伊·彼得斯研究了官僚和压力集团的关系模式，把压力集团和官僚之间的互动关系分为合法的、客户关系、裙带关系和不合法的关系四种，并初步探讨了它们在公共政策中的不同角色和作用。[①] 随着市场经济的快速发展和社会利益结构的分化，不同行业、部门间的利益差距逐渐加大，为了获取更多的利润、实现自身利益的最大化，这种"关系网络"的发展正在慢慢渗透到各个领域中，权力寻租和利益俘获就是这种关系网络的产物。可见，政治资源的拥有是获取其他资源的坚强后盾，其中权力是社会政治体系中最被人们所看重的一种政治资源，与利益密切相关，它可以实现自我力量和职能范围的无限扩张。通常，在一个国家的社会政治体系中，权力结构的合理与否会直接影响政府政策执行效果的好坏。

2. 经费、物质资源

经费、物质资源是利益主体制定行动策略的资本，经费和物质资源的占有为相关利益主体发展其他资源提供了基础保障。对所有利益群体来说，金钱是其行动的主要资源，也是它们影响生态市建设的一项重要资本。金钱能够用以吸引许多其他的资本，包括政治方面的和领导方面的专门知识，

① 参见[美]盖伊·彼得斯：《官僚政治》，聂露等译，中国人民大学出版社，2006年，第192～218页。

以及公共关系方面的才能。[①] 物质资源和经费同等重要，是主体生存和发展所必需的基本保障。

3. 信息资源

伴随着社会分工的具体化、专业化的增强，政策决策者不可能掌握所有信息。面对社会风险和利益需求的变化，如何制定科学、合理的政策方案，信息的收集、获取成了关键环节。在信息技术快速发展的时代，信息资源准确的收集、处理为利益主体实现自身利益需求提供了前提条件。

（四）利益激励

1. 利益激励与制度分析

激励是所有在组织中行为的人们都需要的推动其积极行动的劝说、诱导、推进或促使等做法，核心是满足行动者的需要，以及由种种需要的满足所产生的行为动力。[②] 行为科学对激励的一般解释是："激励是对人从起码需要到高级需要的一种满足。不过这种满足所发生的效用则具有重大区别，与组织结构、社会环境、个人需求和制度安排密切相关。"[③]利益激励可以看作激励主体做出行动的客观因素，而制度是其发挥预期效用的主要手段。

相关的制度安排共同作用，形成一定的制度环境，对利益主体的行动策略起到关键的激励作用。这里的激励分为正面激励和反面激励两种形式。正面制度激励如政治竞标赛、政绩考核；反面制度激励指通过一些约束性制度来限制主体不良行为的发生，是一种变相的激励制度，如污染者付费、排污权交易、环境税等反向经济性激励制度。正面激励与反面激励可以同时作用于一个利益主体，激励与约束可以配合使用，共同发挥效力影响主体行为策略。合理的社会制度既可以保障利益主体自身利益的实现，又要保证

---

① 参见[美]诺曼·杰·奥恩斯坦、雪利·埃尔德：《利益集团、院外活动和政策制定》，潘同文等译，世界知识出版社，1981 年，第 80 页。

② 参见任剑涛：《在正式制度激励与非正式制度激励之间——国家治理的激励机制分析》，《浙江大学学报》（人文社会科学版），2012 年第 2 期。

③ [美]亚伯拉罕·H. 马斯洛：《人类激励理论》，J. 史蒂文·奥特、桑德拉·J. 帕克斯、理查德·B. 辛普森：《组织行为学经典文献》，王蔷、朱为群、孔晏等译，上海财经大学出版社，2009 年，第 161 ~ 173 页。

人们的逐利行为直接促进公共利益的发展,协调社会利益冲突。

2. 制度分析与主体行为

一般来说,人类的行为具有主体性、目的性、过程性、因果性和多样性等特点。通过寻求人类行为的规律性认识,可以对人类行为的未来发展进行科学预测,引导人们的行为朝着实现组织目标的方向发展,克服影响主体行为的消极因素,发挥主体行动积极性。事实上,人都是理性人,行动总是有目的的,由于资源稀缺性的客观存在,人们总是经过利益得失(成本—收益)的计算和权衡后,才选择能为自己带来最大净收益的行动方案。制度体系为人们进出某一活动设置了一个关口和范围,又为生活在其中的人们确立了一套激励的规则和奖惩的办法,从而规定了人们行为的本利结构,人们据此才能对自己行为的利益得失做出计较,进而做出自己的选择和决策。不同的制度体系规定了不同的本利结构,使人们选择不同的利益最大化方式;制度的运行和变化也会改变价格和费用的均衡关系,从而影响主体行动策略。①

当现行制度体系存在缺失时,各利益主体在政策执行中表现出来的不配合、不作为等现象在某种意义上说是一种理性选择的结果导致的,这时即使通过劝导、指责都难以从根本上改变理性逐利人的人性特征。如果制度条件能够得以完善,就可以试图引导主体行为方向。因此,调整制度结构使其合理化就是有效激励、约束主体行动的重要手段,即人的行动策略是制度的函数。

(五)行动策略

受资源稀缺性的约束,才会有主体行动策略的合理性,即如何利用有限的资源条件来满足无限增长的个人需求。这种行动策略大体归纳为以下三种:

1. 合作联盟

合作联盟指利益主体间在某一政策中,可以暂时性地达成某种伙伴关

---

① 参见丁煌:《政策执行阻滞机制及其防治对策:一项基于行为和制度的分析》,人民出版社,2002年,第85页。

系,以此来实现彼此共同利益的最大化。联盟是利益群体获取外部资源的一种行为方式,利益联盟者的数量及资源条件直接影响着集团维护、实现利益目标的能力和机会。这种合作联盟也分为积极的与消极的两种方式:积极的合作联盟表现为主体间的利益目标与公共利益间存在可协调性,即主体利益目标的实现不仅要维护自身利益,也要有效促进公共利益的增进;相反,消极的合作联盟表现为主体间的利益目标与公共利益存在不可协调性,利益主体只关注如何分割公共利益,盲目追逐私人利益的最大化。消极联盟中一项重要的手段就是利益渗透,它是支配利益主体制定出行为策略的关键要素,利益俘获和潜移默化的政治渗透是它的两种主要方式。

(1)利益俘获

它是利益渗透的初级阶段。1971 年,乔治·J. 斯蒂格勒(George J. Stigler)在《经济性规制理论》中,首次在经济学的实证方法中运用规制俘获理论分析利益集团对政府政策的影响。他较早地认识到了规制过程中的这种“俘获”现象,并指出:“由于规制的供需双方——规制机构和利益集团都是理性经济人,追求各自效用的最大化,从而利益集团往往能够运用一定的手段(如金钱、选票等)去‘俘获’规制者,使其提供有利于该集团的规制政策。”[①]之后,政治学专家将其引入政府规制当中,俘获理论成为规制理论中较为核心的一部分。

规制俘获理论的前身其实是管制理论,规制比管制更为正规化、公平化,把政府从运用命令型的政策工具、手段转向运用科学、公正的政策法规来规范被规制者行为。佩尔兹曼在规制俘获的基础上,又将规制过程分为政府规制者、企业和消费者组成的静态理论模型。其中企业、消费者都在追求个人利润最大化,规制者追求政治支持最大化;在规制过程中,企业、消费者等利益集团通过选票等政治支持的形式,换取有利于自己的规制政策,规制者从中也获得了稳定的政治支持,利益互动中牺牲公共利益换取相关利益主体间的双赢。根据上述假设,佩尔兹曼证明最可能受到规制的产业是

---

① Stigler G., The Theory of Economic Regulafion, *Bell Journal of Economics*, 1971, p.15.

接近完全竞争或完全垄断的产业。[1]

本书中的利益俘获与规制俘获意思相同，主要内容包括：首先，信息不对称为利益俘获提供了强有力的解释，信息租金的存在影响规制结果，信息能否被操纵以服务于特定的利益群体，是规制俘获发生的要害性决定因素。[2] 其次，新规制俘获理论中的图鲁兹学派[3]将委托代理框架应用于规制分析，拉丰（Laffont）和梯若尔（Tirole）将规制结构划分为规制机构和国会两层。规制过程也就相应地形成两层委托代理关系：第一层是规制机构与被规制者之间的委托代理关系；第二层是作为政治委托人的国会与规制机构之间的委托代理关系。[4] 这种双重委托代理关系中的规制机构既承担了信息中介的作用，也承担着监督机构的职责，它是这个博弈过程中的枢纽点。这种独特性可以有效地避免公众与利益群体之间的信息真空，减少集体利益主体中的"搭便车"现象，但同时也赋予了规制机构进行利益摇摆或"再决策"的机会。利益俘获具备的两方面特点为打开企业、利益群体与政府规制机构间博弈互动过程中的"黑箱"内幕奠定了理论基础。利益俘获与腐败是两个相互混淆的概念，主要区别在于：产生条件和利益目标不同。利益俘获一般发生在自然垄断行业和一些竞争性强的领域中，如房地产、电信、钢铁、煤炭、电力等行业；而腐败的发生没有特殊条件限制，比俘获更加普遍；俘获的利益目标是实现干预政府机构的规章、法律或命令的制定，腐败只是想为俘获者提供一些行政管制的优惠。

（2）政治渗透

它主要指那些大型垄断企业，凭借产能、技术等优势在市场资源配置中独占鳌头并具有行政级别，如钢铁、煤炭、电力等行业，它们在利益俘获的同

---

① 参见红凤：《西方规制经济学的变迁》，经济科学出版社，2005年，第19页。

② 参见李健：《规制俘获理论评述》，《社会科学管理与评论》，2012年第1期。

③ 西方规制经济学的发展历程经历了芝加哥学派、弗吉尼亚学派和图鲁兹学派，属于公共选择理论学派。其中芝加哥和弗吉尼亚学派认为，规制者与被规制者都是理性经济人，通过策略性行为来谋求自身福利最大化；共同的基本观点是利益集团通过寻求规制来增进私人利益，从而在规制政策形成过程中发挥重要作用；共同的基本方法是供求分析和成本收益分析。

④ 参见［法］让·雅克·拉丰、让·梯若尔：《政府采购与规制中的激励理论》，石磊、王永钦译，上海人民出版社，2004年，第50页。

时还采取政治渗透安插集团内部人员在政府机构中任职，间接培养企业集团在政府机构内部的利益代言人来影响人事任免、公共投资及财政资金分配、地方政策法规的制定和执法、司法等行为。有学者也将这种通过政治或运用政治手段达到自身利益目的的行为称为“利益群体政治化”。政治渗透的主要方式和手段有：通过上级主管部门或人大、政协提案，参加听证会或行政诉讼，利益代言人直接或间接的游说，这一过程也可以称为利益渗透的高级阶段。它与西方国家利益集团采用委托人、信件、公布投票记录等间接游说的方式与政府进行联系相类似，影响政府决策倾向于他们，以牺牲公共利益为代价实现私人利益的最大化。

2. 对抗或竞争

利益主体间的竞争（对抗）博弈主要指同一利益关系中，主体间依靠自身资源条件、与政治权力中心的远近关系，对同一利益目标形成争夺、对抗。当某项政策措施不能满足相关主体的利益需求，甚至损害利益主体权益时，利益主体间就形成了竞争性关系，甚至做出一些对竞争者不利的事情。

3. 不作为

不作为也是利益主体的一种行动策略，它认为无论政策走向如何都与一些个人利益不相关，即公共利益的得失与个人自身利益的获取不相关，维护个人的物质私利是他们行动的唯一动力。当相关政策给一些人们带来了良好的收益时，他们则表现出坐享其成的态势；当某些政策由于强势集团的干扰，出现了政策扭曲、违背公共利益的行为时，他们仍然无动于衷。他们不作为也是一种维护个人私欲的方式，这种私欲可以狭隘地理解为纯粹性的物质利益需求。

三、生态市建设与利益分析的关系

生态市建设既不能一味地追求桃源生活，也不能一切以经济利益为目标，而应在生态承载力允许的范围内，寻求生态容量与经济发展的平衡点。伴随着社会转型政府职能转变，市场主体、社会主体在逐步成熟、壮大，加之生态市建设的公共性、非排他性及利益不可分性的特征,决定了它的建设过程需要协调各方主体的利益需求,利益分析对生态市建设的作用主要表现在以下三方面:

(一)利益既是动力,也是阻力

利益既是生态市建设的动力,也是影响生态市建设的最大阻力。生态市建设中的行为主体是有限的理性的利益人,他们从事一切活动的动力都来源于各自利益的获取,这里的利益包括公共利益、组织利益和个人利益。霍布斯(Hobbes)在《利维坦》中指出:“在所有的推定中,把行为者的情形说明得最清楚的莫过于行为的利益。”①生态市建设就是协调多元利益主体的行动策略,使它们朝着有利于公共利益的方向运行,缓解生态市建设中主体间的利益矛盾、冲突的发生。利益问题是生态市建设中主要解决的问题。当主体利益认知与公共利益相一致,利益激励条件合理化时,就会促使利益主体制定有利于生态市建设的行动策略;反之,当其中的任何一个利益条件不满足时,个人利益认知偏差和利益激励体系不健全,都可能诱导主体行为扭曲、腐败、寻租等不正当行为的出现,阻碍生态市的实现。

(二)利益分析是研究生态市建设问题的基本方法

在市场经济条件下,随着人们需要和欲望的无限性发展,在生态市建设中存在的多元主体间的利益冲突越来越复杂,如部门间相互责任推诿、“上有政策,下有对策”、敷衍执行等一些问题,根源在于存在非公共利益与公共利益间的矛盾,而且这一矛盾也是生态市建设过程中的基本矛盾,贯穿于整个建设过程的始终。因此,需要借助利益分析方法对其中的主体间关系、主体行为方式、制度环境进行深入研究,使论点更具有解释力和信服力。

(三)利益分析是体现生态市建设有效性的重要方法

一般政策的有效性都是从政策结果来考量的。生态市建设的政策结果就是协调好环境、经济、社会利益间的和谐发展,并最大限度地满足主体需求。这一政策结果也可以通过利益分析的方法来进行衡量,主要表现为:在

---

① [英]霍布斯:《利维坦》,黎思复等译,商务印书馆,1997年,第557~558页。

伦理道德约束下，杜绝“人情关系网络”对生态市形成的干扰，要以公共利益为期望目标，但不是唯一目标，必须化解各方利益主体间冲突，实现公共利益与组织利益、个人利益的有效结合；在经济性制度激励下兼顾公平与效率，运用各种政策工具对受损者进行利益补偿，体现为最少受惠者得到最大利益补偿，充分满足目标群体的利益需求；在制度约束机制下，生态市建设的有效性取决于利益主体必须把追求自身利益的愿望与公共利益结合起来，在利他和利己的互动中寻找一个平衡点，达到均衡，防止行为主体以个人利益为基础的分散决策，最终步入囚徒困境状态，影响生态市目标的实现。可见，利益分析是体现生态市建设有效性的重要方法。

第三章　内蒙古生态市建设的现状及存在的问题

第一节　内蒙古生态市建设的政策依据

内蒙古生态市建设经历了从中央制定愿景目标，到省级政府依据自身经济、社会、环境、资源等特点将上级宏观政策目标具体化，市县级政府在省政府的目标框架内制定出适合自身地区发展的生态市规划，并逐步细化、分阶段、分步骤地进行，环保职能机构也会制定出具体的政策措施激励、约束目标群体，推动生态市建设。本书将内蒙古生态市建设的政策依据归纳为中央总政策—省级基本政策—市级政策措施的发展脉络。

一、中央政策

我国政府的生态市建设是从20世纪90年代开始的。1995年，原国家环保总局发布的《关于开展全国生态示范区建设试点工作的通知》指出，生态示范区以生态学和生态经济学为指导，以经济、社会和环境的协调发展为政策手段，以实现社会、经济和环境效益的共同最大化为政策目标，以行政单元为界线的区域。同时，它还制定了《全国生态示范区建设规划纲要(1996—2050)》为生态示范区的选取和项目投资做好准备工作，并分三阶段进行："第一阶段：近期1996—2000年，试点建设阶段，在全国建立生态示范区50个；第二阶段：中期2001—2010年，重点推广阶段，在全国选取300个区域进行重点推广，建成各种类型，各具特色的生态示范区350个；第三阶段：远期2011—2050年，普遍推广阶段，在全国广大地区推广生态示范区建设，使示范区的总面积达到国土面积的50%左右。"[①]1998年，原国家环保总局又印发了《关于全国生态示范区建设试点验收暂行规定》（简称《暂行规定》）的通知，提出了对生态示范区的乡、镇、村的验收办法和验收指标。2001年，原国家环保总局印发的《关于开展2001年度全国生态示范区建设试点考核验收工作的通知》指出：各地要结合本次生态示范区建设试点考核验收工作，以省为单位，全面开展一次生态示范区建设试点工作检查，特别要重点抽查2000年命名的国家级生态示范区。原国家环保总局将根据检查结果，对部分试点进行相应调整；对工作滑坡的国家级生态示范区根据《暂行规定》的要求，酌情处理，以确保国家级生态示范区建设工作的稳步发展。可见，生态示范区的试点推广工作已在全国铺开。

2003年，依据《关于开展全国生态示范区建设试点工作的通知》，原国家环保总局印发了《生态县、生态市、生态省建设指标（试行）》的通知（见附录）（以下简称《建设指标》），将生态环境的发展推向更高水平，实现环境污染基本消除，自然资源得到有效保护和合理利用；稳定可靠的生态安全保障体系基本形成；环境保护法律、法规、制度得到有效的贯彻执行；以循环经济为特色的社会经济加速发展；人与自然和谐共处，生态文化有长足发展；城市、乡村环境整洁优美，人民生活水平全面提高，作为生态市建设的主要目标任务，并从经济、社会、环境系统三方面的指标体系来规范各地区生态省、市（县）建设过程。2005年，原国家环保总局制定了相关的建设指标体系；2007年，又对指标体系进行了完善，其中将生态市指标由2003年的三大类28项指标（33小项指标）减少为三大类19项指标（23小项指标），目的是弱化社会、经济类指标限制，强化环境类指标的要求，把环境效益永远放在经济效益之前的位置，推动实现社会、经济和环境的可持续发展。[②] 2009年，又制定了《国家生态县、生态市考核验收程序》，在组织考核和技术验收的基础

---

① 中华人民共和国环保部：《全国生态示范区建设规划纲要（1996—2050）》，1995年8月12日。

② 参见陶克菲：《生态建设新指标促节能减排——解读〈生态县、生态市、生态省建设指标〉》，《环境教育》，2008年第2期。

上,对申报的省级生态县、市进行验收、审查,并每三年对已命名的国家级生态县、市进行复查。生态省、市、县建设工作已进入全面建设阶段。2016 年,东部北京、天津、福建、浙江、上海、重庆、海南、江苏等十省市生态城市指标均超过国家标准,公众满意度却相对较低,天津、北京、河北三市公民对环境质量状况满意程度最低;中部地区河南、安徽、湖北、江西、湖南五省生态城市建设指标基本与国家标准持平,公众满意程度总体不高;西部内蒙古、云南、四川、西藏、新疆五省生态城市建设指标略低于国家标准,但公众满意程度较高,公民对生态市建设持积极、支持态度。

二、省级基本政策

省级基本政策是连接总政策与具体政策措施的中间环节,主要作用表现为两方面:一方面,它根据本地区、本部门的实际情况,将总政策的原则规定具体化,是指导本领域、本地区工作的全局性政策;另一方面,它又是制定各项具体政策的前提和依据。因此,在响应原国家环保总局 2004 年关于《生态县、生态市建设规划编制大纲(试行)》(以下简称《大纲》)的前提下,内蒙古自治区地方政府因地制宜,制定出了符合各级市、区、县发展的《省级生态市建设规划纲要》(以下简称《规划纲要》)。文件中把生态县、生态市建设的主要领域分为:生态产业、人居、文化体系建设、自然资源与生态环境体系及能力保障体系建设。同时制定了不同阶段的政策目标,依据各地实际情况,规划生态县创建一般以五至十年为期,生态市创建一般以五至十五年为期,一切规划、目标、任务都以最终实现生态省为标准;还将创建模范城市、乡镇作为生态市、生态乡镇建设中的一部分进行具体规划、设计。2009 年,内蒙古自治区环境保护厅针对各盟市环保局和直属单位印发了《关于促进经济平稳较快增长的若干意见》,指出结合地区生态保护和监管的实际,要重点支持自治区级自然保护区保护类项目、生态示范区和生态市(县)建设环境基础类项目、新农村新牧区新林区环境基础设施建设类项目、集中式饮用水源地保护类项目。可见,生态市(县)建设已在内蒙古自治区政府工作中居于重要地位,它逐渐改变了先前不惜一切代价追求经济快速发展的策略,力求实现环境效益与经济效益的双赢。

三、市级具体政策

具体政策是基本政策的具体化,是在服从总政策和基本政策的前提下,为了贯彻、执行基本政策而制定的具体行为规则,是实现总政策和基本政策的手段和方法。在响应国家级总政策和自治区级基本政策的前提下,市县级政府或环保部门在保证与省级《规划纲要》衔接的基础上制定出《市级生态市、生态县建设规划》,在与近、中、远期规划目标相一致的情况下,可以把相关规划任务、重点项目进行具体细化,使省级的基本政策转变为具体政策。1999 年,呼和浩特市率先提出生态市建设的政策目标和具体规划。依据生态市建设指标要求:全市 80% 以上的县达到生态县建设指标,中心城市通过国家环保模范城市考核验收并获命名。[①] 为此,内蒙古各地市级政府制定出了适合自身城市发展特征的《生态市建设规划》。例如,呼和浩特将生态市建设目标分解为两部分:一部分是积极创建生态村、生态乡镇、生态区,另一部分是争创国家模范城市。

事实上,早在 2000 年呼和浩特就发布了《呼和浩特生态市建设管理办法(农村部分)》的通知,在认真贯彻市委《关于建设生态市的决定》下制定了三十条细则,分别从项目责任、项目资金管理、项目评估检查等几方面来规范地级市的生态示范区建设过程,并对某项评估指标显著突出者进行奖励。2004 年,呼和浩特市提出了全面建设生态新城的规划目标,同时着手规划了天然林保护等六项重点工程。2006 年,市委又提出了打造森林生态城市的政策目标,作为生态市建设的阶段性政策规划;同年 10 月,市政府又制定出台了《呼和浩特市生态市建设十年规划》《呼和浩特市城乡绿化一体化》

---

① 参见原国家环保总局:《生态县、生态市、生态省建设指标(试行)》,环发〔2007〕195 号,2007 年 12 月 26 日。

《呼和浩特市创建国家森林城市规划方案》等创森系列规划制度，标志着森林城市建设正式启动。2009年，市委在生态新城建设的背景下，又正式启动了生态村、生态乡镇、生态区创建工作，生态市在呼和浩特各乡村广泛推广开来。2013年6月，呼和浩特环保局在总结之前建设经验的基础上，规划了下半年七项重点工作任务，依据生态村、乡（镇）和县（旗、区）"三级联建、逐级推进"的原则，切实把生态市创建工作落到实处作为重点任务之一。

可见，无论在市政府工作中还是环保职能部门，生态市建设已占据重要地位。之后，为了配合生态市建设，呼和浩特市政府又提出了构建环保模范城市的理念。依据《中共呼和浩特市委员会、呼和浩特市人民政府关于创建国家环境保护模范城市的决定》和《国家环境保护模范城市考核指标及其实施细则》中二十六项考核指标体系，来构建呼和浩特模范城市，其中的一些指标与生态市建设指标相重复，而且某些约束条件略低于生态市建设指标，可见创建国家模范城市是建设国家级生态市的重要补充。

2005年9月，呼和浩特市政府提出用三年左右时间创建国家环保模范城市的战略目标。之后，由政府创模领导小组办公室牵头，组织相关部门和专业技术部门编写《呼和浩特创模规划》，总结2008—2011年呼和浩特创模的具体指标考核情况。呼和浩特市在积极响应国家号召下，率先在内蒙古自治区提出了建设生态市的政策目标，制定了"大干五年，基本改变全市生态面貌，苦干十年，初步建立首府绿色形象"的宏伟生态市建设规划任务，号召全民齐参与、建设首府生态市的绿色攻坚战，生态市建设初见成效。2013—2018年，呼和浩特市以大青山生态环境修复、严格控制水土流失、污染监控普遍化、绿色产业纵深发展为主要目标，探索一条人、自然与社会和谐发展之路，被誉为集绿色理念、绿色模式、绿色产品、绿色发展为一体的"中国乳都"之称。

包头市作为内蒙古重要的工业型城市和国家重要的钢铁供应基地，生态市建设工作也没有落后。2004年，国家财政部国际司中国典型城市生态市规划项目专家组到包头市进行调研，同年12月，批准把包头市列入中国典型城市生态市规划项目试点城市。2005年3月，世界银行正式投资用于内蒙古自治区包头市、重庆市万州区、福建省武夷山市为中国典型城市生态市规划项目。该项目在包头市的研究重点是循环经济和生态工业的理念，针对包头市重工业污染的特点进行生态市建设规划，这一主旨与包头市建设生态工业城的目标不谋而合。[①]

之后，包头市政府在“十一五”期间提出并制定了《包头市城市总体规划》，认真贯彻执行“预防为主、保护优先”的原则，全面实施围封禁牧、生态移民和黄河防护林保护工程，积极规范矿产资源开发项目实施专项整治，关停了各类违法企业三百多家，为生态市建设奠定基础。在“十二五”期间，包头市政府提出要建设“四基地一中心”[②]，培养战略性新兴产业城市，构建生态市（或生态宜居城）的发展目标，制定了《包头市环境保护“十二五”规划指标体系框架》，分别从总量控制、环境质量、环境建设、环境经济和环境管理四大项、二十九小项来全面落实环境优化经济战略，以改善环境质量为切入点，以消减总量为重要抓手，着力形成机制体制，严格防范环境风险。

到2015年，主要污染物排放达到国家、自治区总量控制要求，生态环境总体恶化趋势得到基本遏制，建成国家环保模范城市，推进生态市建设，为全面建设小康社会奠定良好的环境基础。2018年，包头市人民政府印发《包头市打赢蓝天保卫战三年行动计划实施方案》（包党发〔2018〕24号）中强调：经过三年努力，第一阶段大气污染综合治理成果得到全面巩固和提升，主要大气污染物排放总量进一步减少，大气环境质量得到持续改善，市民的蓝天幸福感明显增强。到2020年，二氧化硫、氮氧化物排放总量较2015年将分别减少12.92%、15.3%；细颗粒物浓度较2015年将下降20%，浓度达到40微克/立方米；空气质量优良天数比率将达到80%。

鄂尔多斯市属于内蒙古的资源型城市，煤矿资源既是它的兴旺之源，也是生态环境恶化的罪魁祸首，生态市建设的任务在这里相当艰巨。但鄂尔多斯市政府并没有退缩，提出了“七城联创”的政策目标：全国文明城市、国

---

① 参见新浪新闻，http://news.sina.com.cn/c/2006-04-04/13418610991s.shtml。

② 四基地是指：国家重要的稀土产业基地、中西部装备制造业基地、西部地区钢铁基地和铝镁产业基地。

家卫生城市、全国双拥模范城市、国家环保模范城市、国家园林城市、国家森林城市、国际健康城市，并对政策目标进行了阶段性划分，争取到2014年蝉联"全国文明城市"和"国家卫生城市"荣誉称号，建成国家森林城市，到2015年建成国家环保模范城市、国家生态园林城市和国际健康城市，实现"全国双拥模范城市"四连冠。[①]"七城联创"中包括了生态市建设的标准，只是某些考核指标略有不同，鄂尔多斯市政府为自己制定了更加高标准的政策目标，为最终实现内蒙古自治区生态省的荣誉奠定基础。

为了达到国家级《生态市建设指标》中森林覆盖率（山区≥70%，丘陵区≥40%，平原地区≥15%，高寒区或草原区林草覆盖率≥85%）的约束性指标要求，内蒙古锡林郭勒盟苏尼特右旗人民政府依据《内蒙古自治区退耕还林还草工程管理办法（试行）》制定了《内蒙古锡林郭勒盟苏尼特右旗围封转移工程项目总体规划（2001—2005年）》《苏尼特右旗围封转移工程实施方案（2001—2002）》和《内蒙古苏尼特右旗生态移民和异地扶贫移民试点工程实施方案（2001年）》三个具体政策方案来缓解草原退化。

呼伦贝尔市是内蒙古地区风景最秀丽的地区之一，拥有着中国最大面积的草原，有草原明珠之美誉，呼伦贝尔市政府凭借自身环境优势，在生态市建设政策落实过程中处于领先位置。2010年，市政府制定的《呼伦贝尔市生态市建设规划》中指出："整个规划实施分为两个阶段，力争到2017年，把呼伦贝尔建成国家级生态市，在生态文明建设方面走在全区前列；到2020年，全市经济结构、产业布局、生态环境系统和社会管理体系符合可持续发展要求，基本达到生态型经济强市奋斗目标。"他们始终把创建国家级生态乡、镇与牧区经济快速增长联系起来，在不断加大资金投入的基础上，开发农牧产品、绿色农业、渔业等新型产业。

---

① 参见《在创建全国文明城市、国家卫生城市总结表彰暨"七城联创"》，《鄂尔多斯日报》，2012年6月1日。

第二节　内蒙古生态市建设现状分析

一、各盟市创建生态市情况

内蒙古各盟市的生态市建设已十年有余，综观整个建设过程，各地区在遵照《生态县、生态市、生态省建设指标（修订稿）》的基础上，积极开展生态市创新，也取得了一定的成绩。2011 年，呼和浩特市讨思浩村获得"自治区级生态村"称号；2012 年，保合少镇通过国家验收，被评为"国家级生态乡镇"。2013 年 8 月，呼和浩特市赛罕区黄合少镇，苏计村、金河镇根堡村、曙光村在接受验收后成为"自治区级生态村"，生态市的建设工作在呼和浩特又向前迈出了坚实的一步。截至 2014 年，呼和浩特市共建成国家级生态镇 1 个，自治区级生态镇 4 个、自治区级生态村 6 个；呼伦贝尔全市共有 68 个乡镇（苏木）获得"自治区级生态乡镇"称号，其中 35 个获得"国家级生态乡镇"称号，占到了全区的 68.7%。[①] 其中扎兰屯市自 2007 年贯彻执行《呼伦贝尔市生态市建设规划》，加大资金投入到饮用水源、空气质量、封山育林、天然林保护、生态移民、退牧还草等项目工程，提出建设"以绿色为主线的生态宜居城市"的政策目标，有力地支撑了生态市建设政策执行过程，连续三年荣获呼伦贝尔市生态建设奖；被列入到国家重点生态功能区、县域行列，获得生态补偿财政转移支付政策。2011 年，扎兰屯市荣获自治区级生态市称号，共创建国家级和自治区级生态乡镇 10 个，创建率达到 83%，正在向国家级生态市的政策目标冲刺。2012 年，扎兰屯市通过了国家技术评估，进入国家生态市验收及命名阶段，为全面建成国家生态市奠定了基础。2016 年，扎兰屯市、鄂托克旗荣获"国家级生态城市"称号。

赤峰市的克什克腾旗 80% 的苏木乡镇获得"国家级生态乡镇"称号；加

---

① 参见呼伦贝尔市人民政府：《呼伦贝尔市 6 个乡镇获"自治区生态乡镇"称号》，2014 年 3 月 4 日。

大环境综合整治力度,健全考核、奖惩制度;加强村容镇貌整治,改善农村牧区人居环境质量等措施,到2013年全旗的11个乡镇已达到国家级生态乡村的标准。还有通辽市库伦旗出台《创建国家级生态旗工作实施方案》,细化国家级生态旗创建工作措施,优化产业结构、调整企业发展模式,重点推进生态产业、资源保障、生态人居、生态文化、生态环境、能力保障六大体系建设,规划到2015年全旗生态建设指标体系全部达到《国家生态县建设指标》要求,全面建成国家级生态旗。因此,赤峰市党委、政府以"一届接着一届干、一张蓝图绘到底"为目标,以绿色可持续发展为理念,带动全市干部群众为防沙治沙、造林绿化、草原修复做贡献,其中敖汉旗被全国誉为"成功治沙一面旗",联合国环境规划署授予"全球500佳环境保护旗"称号。

除此之外,满洲里市、巴彦淖尔市、乌海市、阿拉善盟等12个盟市根据《生态县、生态市、生态省建设指标(试行)》的通知和《生态县、生态市建设规划编制大纲(试行)》,结合自身特点,相继制定出了各盟市的《生态市建设规划》;各环境保护相关职能部门在响应上级政府总规划的基础上,制定出本部门的具体政策措施。

总之,生态市建设已在内蒙古地区广泛开展起来,截至2016年,内蒙古已有自治区级生态村19个、生态乡镇95个、自治区级生态县(旗市)10个;国家级生态乡镇55个、生态县(旗市)7个,呼伦贝尔市已荣获"国家级生态市"称号。各地区生态市、县、乡镇建设情况如表3-1:

表3-1 内蒙古各盟市生态市、生态镇(乡村)建设情况统计表

类别 盟市	政策目标	国家级生态县(旗市)	自治区级生态县(旗市)	国家级生态乡镇	自治区级生态乡镇	国家级生态村	自治区级生态村
呼和浩特	国家级生态市国家级森林城市、国家级模范城市	—	—	1	4	—	6
包头	国家级生态市	—	—	—	—	—	4
鄂尔多斯	七城联创	1	4	4	6	—	5
呼伦贝尔	国家级生态市	6	6	35	68	—	—

续表

类别 盟市	政策目标	国家级生态县（旗市）	自治区级生态县（旗市）	国家级生态乡镇	自治区级生态乡镇	国家级生态村	自治区级生态村
兴安盟	国家级生态市	—	—	1	2	—	—
通辽	国家级生态市	—	—	2	4	—	2
赤峰	国家级生态市	—	3	11	11	—	1
锡林郭勒	国家级生态市	—	—	1	—	—	1
合计		7	13	55	95	—	19

数据来源：依据内蒙古统计年鉴及各盟市相关政府网站信息整理。

二、呼和浩特、包头、鄂尔多斯三市生态市建设现状

本书主要选取呼和浩特、包头、鄂尔多斯（以下简称呼、包、鄂）三市的数据资料进行成效分析，主要原因有：第一，呼、包、鄂三市的自然地理环境差异不大，既不拥有得天独厚的自然风光，也不属于环境极差的污染型城市；第二，三市的经济发展是带动全区经济发展的主要力量；第三，三市分别具有综合型、工业型和资源型城市发展特点，可以笼统地概括大多数城市的发展特征，具有一定的代表性；第四，出于数据资料的收集相对容易些；第五，这里数据分析只针对生态市建设中的约束性指标进行分析，没有涉及社会发展中的参考性指标。因为参考性指标具有很大的波动性，受一些不确定因素影响，所以对它们的定量分析存在一定不准确性。基于以上五点原因，分别从经济、环境两方面对三市生态市建设的成效进行如下分析，如表3－2、3－3、3－4。

（一）经济发展指标分析

表3－2　2009—2017年呼、包、鄂三市经济发展指标统计表

年份 项目	2017	2016	2015	2014	2013	2012	2011	2010	2009	参考值
呼 GDP（亿元）	3333	3174	3091	2894	2710	2476	2177	1866	1644	—

续表

项目 \ 年份	2017	2016	2015	2014	2013	2012	2011	2010	2009	参考值
包 GDP(亿元)	4400	4189	3892	3601	3404	3169	2821	2293	2169	—
鄂 GDP(亿元)	3580	4418	4226	4162	3956	3657	3219	2643	2161	—
呼第三产业占 GDP 比例(%)	67	67	66.4	66.36	64.38	58.71	58.7	58.57	57.68	
包第三产业占 GDP 比例(%)	55.7	50.4	48.9	47.4	46.3	45.5	45.3	44.5	44	≧40
鄂第三产业占 GDP 比例(%)	55.8	41.3	32.4	23.2	45.3	34.6	31.4	29.2	32.3	
呼农民年人均纯收入(元)	15710	14517	13491	12538	11398	11361	10038	8746	7802	经济发达地区≧8000;经济欠发达地区≧6000
包农民年人均纯收入(元)	—	—	—	—	12801	11421	10058	8761	7790	
鄂农民年人均纯收入(元)	—	—	12996	11807	10047	8756	7803	7052	6123	
呼供热面积(万平方米)	14710	13896	10386	9196	7489	6469	4060	3668	2967	
包供热面积(万平方米)	9735	9493	8560	8155	7488	6387	—	5256	4647	
鄂供热面积(万平方米)	—	—	—	—	5850	4111	—	—	1583	
呼单位 GDP 能耗(吨标准煤/万元)	0.47	0.46	0.53	0.56	0.57	1.17	1.24	1.47	1.55	
包单位 GDP 能耗(吨标准煤/万元)	1.03	1.04	1.06	1.11	1.17	1.23	1.59	2.01	2.11	≦0.9
鄂单位 GDP 能耗(吨标准煤/万元)	0.76	0.92	1.27	1.3	0.99	1.59	1.68	1.81	1.93	

数据来源:由 2009—2017 年呼和浩特市、包头市、鄂尔多斯三市统计年鉴整理。

(1)逐渐转变城市产业结构。呼和浩特、包头、鄂尔多斯三市的生产总值逐年上涨,而且第三产业的规模也在稳中求进,其中呼和浩特、包头市已超出了国家生态市建设的约束性指标 40%。可见,三市在城市发展过程中正在逐渐转型,多开发绿色产业、节能产业,加大“三产”投入。产业结构的转化说明了政府正在转变经济增长方式,逐渐由粗放型转化为集约型,也预示着政府职能重心在转移,由经济利益优先向着环境、经济、社会利益协调发展。

(2)城镇化步伐进一步加快。三市在逐步转变城市发展模式,但农民的年纯收入仍在继续上涨,说明工业的减缓发展没有对三市城镇建设形成重大的利益冲突,农民仍可以安居乐业,生活水平都已超过国家生态市建设指标;三市供热面积都在逐年上升,说明了城镇化进程正在加快,改善公众基本生活、基本保障条件。

(3)经济发展逐渐放缓。单位国内生产总值能耗指万元国内生产总值的耗能量。自2013年以来,国内生产总值能耗量都呈现出递减趋势,说明三市在能源消耗方面正在改善,通过对煤炭生产工艺流程优化,改善落后技术设备,提高产量、降低能耗,由资源枯竭型转向可持续发展型。

(二)环境保护指标分析

从《生态县、生态市、生态省建设指标(修订稿)》的指标体系中可以看出,十九项考核指标中环境保护类就占据了十一项。可见,生态市建设中加大政府环保力度、转变企业生产模式仍是提升环境保护的主要手段。

表3－3　2009—2013年呼、包、鄂三市环境保护建设指标统计表

项目＼年份	2013	2012	2011	2010	2009	参考值
呼环保支出占国内生产总值比例(‰)	4.6	3.5	3.4	3.3	1.9	≧3.5
包环保支出占国内生产总值比例(‰)	2.1	3.1	2.3	3	—	
鄂环保支出占国内生产总值比例(‰)	3.8	4.5	4.9	5.5	6.1	
呼地区能源消费总量(万吨标准煤)	2570.56	2373.85	2213.3	2034.13	1883.02	
包地区能源消费总量(万吨标准煤)	4518.38	4018.87	3635.74	3366.12	3037.96	

续表

项目＼年份	2013	2012	2011	2010	2009	参考值
鄂地区能源消费总量(万吨标准煤)	6274.78	5177.65	3805.94	3041.47	2249.31	
呼工业废水排放量(万吨)	2373	2636	2374	2977	1367	
包工业废水排放量(万吨)	4875	4833	4417	4693	4220	
鄂工业废水排放量(万吨)	—	3377	2085	2934	2336	
呼工业废气排放量(亿标立方米)	—	1902	1928	1641	957	
包工业废气排放量(亿标立方米)	6403	5887	5437	5073	4398	
鄂工业废气排放量(亿标立方米)	4608	4323	3645	2971	2308	
呼工业二氧化硫排放量(万吨)	7.4	8.3	7.4	8.2	9.9	
包工业二氧化硫排放量(万吨)	21.0	17.5	15.8	15.9	16.4	
鄂工业二氧化硫排放量(万吨)	22.6	22.5	22.5	24.4	25.1	
呼建成区绿化覆盖率(%)	—	35.69	35.45	35.14	—	≧35
鄂建成区绿化覆盖率(%)	35.19	32.57	32.57	27.52	18.37	
呼城市生活污水集中处理率(%)	73.4	77.1	73.80	59.10	59.10	≧85
包城市生活污水集中处理率(%)	83	82.42	82.01	81.55	81.55	

数据来源:由2008—2012年呼和浩特市、包头市、鄂尔多斯市统计年鉴整理。

通过表中有关生态环境保护的数据得知:①呼和浩特市在环保支出方面已经超过国家标准,包头市离标准值仍有一定差距,鄂尔多斯市在2010年以前都超过国家标准，而近几年已经有所回落。②鄂尔多斯市的能源消耗总量位居第一。③三市的工业废水、废气排放包头市位居首位，之后是鄂尔多斯，最后是呼和浩特。④工业二氧化硫排放量鄂尔多斯位居第一，而且总量衡定，但包头市的二氧化硫总排放量仍逐渐递增，呼和浩特市的总量在上下波动，但总量在减少。

综合上述：呼和浩特、包头、鄂尔多斯三市的生态市建设进度不同，而且差距之大，呼和浩特市最好，包头市、鄂尔多斯市相对较差，主要原因与三市的城市结构体系密切联系。呼和浩特市是以毛纺、乳品、电力工业为主的综合型城市，热电厂排放的废气、烟尘，以及一些洗煤厂排放的烟尘、烟气是影响城市环境空气质量的主要污染物；同时，非农业人口增长比例基本不断增加，导致城市住房、道路、水、电和学校等设施超负荷、车辆增多、道路拥挤、公共活动空间缺乏，城市整体环境质量不断下降，严重影响生态市的建设进程。包头市是内蒙古典型的重工业型城市，钢铁、稀土、铝、铜等产量丰富，拥有着北方大型的钢铁制造集团、中国及世界最大的稀土工业基地，相关企业百余家，因而废水、废气、废渣、辐射物排放相对较多，导致城市生态环境污染相当严重，从生态市考核指标数据也可看出，包头市的生态市建设任重而道远。鄂尔多斯市是典型的新型能源城市，87000 多平方千米的土地上，70%的地表下埋藏着煤，其中已探明煤炭储量 1496 亿多吨，约占全国总储量的 1/6；已探明天然气储量约 1880 亿立方米，占全国 1/3；已探明稀土高岭土储量占全国一半。如表 3－4，鄂尔多斯是全国及世界少有的能源储备型城市。

表 3－4　鄂尔多斯市的能源储备情况

级别	项目类型	项目名称
全国	天然气	鄂尔多斯市乌审旗天然气
世界级最大，占全国 1/3	整装气田	苏里格气田
世界级	煤直接液化生产线	神东矿区神华煤直接液化 108 万吨/年成品油生产线

续表

级别	项目类型	项目名称
世界级最大	煤制二甲醚项目	中天合创300万吨/年二甲醚项目
世界级最大	井工煤矿	神华布尔台煤矿
世界级最大	全生物降解塑料中试生产线	蒙西集团3000吨/年全降解塑料项目
世界第一	利用沙生灌木平茬生物进行直燃发电	毛乌素2×1.2万千瓦生物质热电厂
世界级最大	阿维菌素生产	新威远生物化工公司600吨/年阿维菌素项目
世界在建最大	沙棘加工基地	东胜沙棘生产基地
国内第一	煤间接液化生产线	伊泰煤间接液化48万吨/年煤基合成油生产线
国内最大	硅电联产项目	鄂绒集团100万吨/年铁合金生产项目
国内最大	天然碱生产企业	伊化集团
国内最大	循环经济	亿利资源集团100万吨/年PVC
国内最大	天然气化工项目	博源联合化工公司100万吨/年天然气制甲醇
国内最大	一次性建设化肥项目	鄂绒集团104万吨/年尿素项目
国内第一	利用粉煤灰提取氧化铝生产线	蒙西集团40万吨/年煤灰提取氧化铝项目
国内第一	新型光伏发电示范电站	伊泰集团205千瓦太阳能聚光光伏电站
国内第一	乙炔炭黑造粒项目	金泰赛卡炭黑公司5000吨/年粒状乙炔炭黑
国内第一	露天煤矿	神华哈尔乌素2000万吨/年露天矿
亚洲最大	火力发电厂	达旗火电厂
国内最大	煤机维修	天隆煤机维修有限责任公司

数据来源:http://baike.baidu.com/link? url = NJa9wVOfIZKSvBAq1Ec9TgvpZT7X - r70QJZgR7o1s - l8vO3f3FRzLjt8cu6shhNFDGhtCDnbq76zyhn6mCM22K#4。

2008年前后,鄂尔多斯市开始大量开采煤矿,使得当地生产总值增速连续5年位居全国第一,但生态环境却危机四伏,生态市建设指标中的数据也验证了这一结论。从2009年开始,当地的能源消耗、污染物排放在快速递增,废水、废气、废渣等有害物质的排放都高于呼和浩特市和包头市。由2012年国家重点监控的污染物排放企业数中(见表3-5)可以看出,城市的资源储备和产业结构决定了生态市建设步伐的难易程度。

表3-5　2012年内蒙古地区污染物排放国家重点监控企业数(个)

	废水排放	废气排放	污水处理厂	重金属	备注
内蒙古	95	214	122	54	
呼和浩特市	8	12	11	0	制药厂、电力、热力
包头市	14	31	12	0	钢铁、电力
鄂尔多斯市	5	44	18	1	煤厂、电厂

数据来源:根据国家重点监控污染企业名单整理。

虽然三市政府在生态市建设过程中不断响应上级政策号召,积极制定适合本地区的发展规划,逐级分解任务目标、落实责任体系,但三市的城市结构类型不同,所以起点不同。生态市建设过程中涉及的相关利益群体的规模、影响力也不同,成效各有差异,主要表现在以下方面:第一,第三产业占呼和浩特市生产总值的比例在逐年上涨,包头市一直是有增有减,鄂尔多斯市却在逐年递减,电力、煤炭等行业对当地生产总值的贡献显而易见;第二,鄂尔多斯市是内蒙古和全国仅有的能源储备型城市,拥有着世界级的乌审旗天然气、井工煤矿和亚洲最大的火电发电厂等,众多的资源汇聚于此必然产生大量的污染废气、废水、废渣。但是,鄂尔多斯市政府在生态市建设过程中一直走在前列,制定了比其他盟市更为严格的政策措施,如"环保模范城""七城联创"等称号,地方政府因地制宜,针对不同的利益主体,采取不同的政策措施缓解、调和利益矛盾,避免利益冲突,逐步推进生态市建设进程。所以三市对比中鄂尔多斯市虽然在指标上处于高位,但它所取得的进步也是相当巨大的,如从2009—2013年鄂尔多斯的单位国内生产总值能耗从1.9316下降到0.9944,减负达到50%。

第三节　生态市建设面临的困境

通过对呼、包、鄂三市生态市建设中经济类、环境类指标的分析可以看出:经济类指标基本呈现上升趋势,有些已经达到国家生态市的考核要求;产业结构的调整整体上没有对弱势公众群体的基本生活产生不利影响,但环境类指标中一些污染物排放指标、产能消耗指标仍逐年递增。可见,环境类指标是影响生态市建设进程的主要障碍因素,环境利益的得失与经济效益的高低有着直接联系,从而间接影响社会发展。那么是什么原因导致环境类约束指标居高不下呢？这与生态市建设中多元利益主体的行为偏差有着密切联系,这种行为偏差主要指主体在某些因素的作用下产生的行动策略,最终导致生态市建设与预期实现的公共利益目标发生了偏离。这些多元主体的行为偏差主要表现为以下方面。

一、对生态环境脆弱性、环保紧迫性和艰巨性认识尚不到位

自党的十大八将生态文明建设提升到与政治、经济、文化、社会建设同样的高度以来,生态环境可持续发展已成为世界所关注的领域,迫切需要各级政府从思想理念、政策制定、组织框架、制度保障、绩效评估等方面完善地区生态环境治理体制改革,提升新时代生态文明现代化建设步伐。内蒙古作为北方生态、安全屏障,生态城市建设的重要性不容忽视。但自2013年以来,半数以上盟市党委常委会几乎没有开过针对生态修复、污染防治方面的专题研讨会。一些地方干部没有从思想上认识到“绿水青山”是地区发展的宝贵财富。受传统粗放发展模式的影响,在一些生态保护区内仍存在破坏环境的违法行为;在煤化工、电解铝、火电等产业仍以资源优势为主导,在空间布局、低碳发展和环境保护方面的研究不够深入,尤其是涉及环境风险防控方面的制度缺位严重,环保任务的紧迫性仅流于形式、口号,没有深入到干部的思想工作中。关于两湖一海生态功能修复工作没有显著进展,2016

年国家批准的专项治理资金仍没有到位。岱海流域生态破坏情况严峻，水质污染严重没有引起相关市县领导的足够重视，生态环境修复的艰巨性没有落实到具体工作中，执行缓慢、表面整顿、假装整顿等政策变通行为仍有存在。

二、环境污染形式多样化

内蒙古经济运行中农牧业基础薄弱，产业发展不充分，对经济增长的贡献很小。2013 年之前，第三产业对经济增长的贡献率不超过 1/3，工业体系仍是带动地区经济增长的主要产业，地区经济增长大都依靠工业产业。从"十三五"规划以来，第三产业的比重逐渐上升，如表 3-6 所示：

表 3-6　内蒙古地区历年经济增长统计

年份	国内生产总值（亿元）	比上年增长%	公共财政收入（亿元）	公共财政支出（亿元）	第一产业对经济增长的贡献率%	第二产业对经济增长的贡献率%	第三产业对经济增长的贡献率%
2018	17289.2	6.8	—	—	6.7	37.2	56.1
2017	16103.2	4	1703.4	4523.1	10.3	14.8	74.9
2016	18632.6	7.2	2016.5	4526.3	3.8	49	47.2
2015	18032.8	7.7	1964.4	4290.1	—	51	40
2014	17769.5	7.8	1843.2	3884.2	—	—	—
2013	16832.38	9	1719.54	3682.15	4.7	67.6	27.7
2012	15988.34	11.7	1552.75	3425.99	4.3	67	28.7
2011	14246.11	14.3	1356.67	2989.21	3.8	68.3	27.9
2010	11655	14.9	1069.98	2280.47	3.6	67.1	29.3
2009	9725.78	16.9	850.75	1925.13	1.3	62.2	36.5
2008	7761.8	17.2	835.29	1455.48	5	61.4	33.6
2007	6018.81	19	835.29	1083.57	4.1	64.3	31.6
2006	4790	18	461.71	913.73	5	63.3	31.7

数据来源：根据《2006—2018 年内蒙古国民经济与社会发展》整理。

生态市建设是一项惠民政策,其周期长、投资大、收效慢、利益不可分等特性,使得中央政府对于它的吸引力远大于地方政府(这一点可以通过中央政府与地方政府在环境治理财政支出比例选择上进行的博弈结果得以证明①),除非存在约束性制度对地方政府行为进行规范,否则,利润可观的经济项目才是地方政府热衷参与的领域。

自党的十八大将生态文明纳入五位一体建设规划中以来,生态环境治理在地方政府职责体系中的地位越来越重要。之后,习近平生态文明思想的形成,倡导以人为本,人与自然和谐发展的绿色发展观要在引导政府职能、市场发展、社会进步中起领航作用。为了将生态理念、生态建设工作一抓到底,中央成立督察小组2年内进驻31个省市区展开督察,环境质量、重点企业排污情况都有所好转。但问题仍很严峻,中小企业违规排放现象时有发生,那些短、平、快的经济项目必然得到地方政府的庇护,对于它们的监管则相对疏忽;除了工业企业污染环境、矿产资源开采、毁坏林地、破坏草原等环境、破坏及排污问题外,还有小锅炉、散烧煤、垃圾清理不及时、烧烤餐饮油烟及噪声扰民、畜禽养殖与屠宰污染、道路扬尘污染、汽车喷漆房、洗衣店排污等新的污染问题层出不穷,对地方政府的监管能力和效率提出了新的挑战。

三、不作为、乱作为、扭曲执行现象滋生

地方政府作为双重委托—代理者,负责上通下达的工作。这种位置赋予了它一定的自由裁量权,可以有三种策略选择:第一,认真贯彻上级的政策;第二,利用信息不对称来欺瞒上级机构;第三,在特定的情境下依据自身偏好及时调整规制策略。例如,以市场需求弹性的变化在经济萧条期和发展期对公众、企业进行不同程度的利益偏袒,以便获得双重利益。对于第一

① 参见洪璐、彭川宇:《城市环境治理投入中地方政府与中央政府的博弈分析》,《生态与环境》,2009年第1期。

种行为，地方政府与上级政府是利益目标一致的团体，都以实现社会公民利益最大化为行动目标，最终的结果就是严格规范企业、利益群体的行为，使其朝着不损害社会总体利益的方向发展，实现政策目标。对于第二种行为，地方政府可能冒着被上级政府惩罚的危险为利益群体提供政策支持，目的就是通过政企间的利益联盟，为它们带来金钱、权力、政绩、地位等隐性利润。后两种地方政府的行动策略就是扭曲政策执行的表现。例如，呼和浩特市大青山生态保护区企业采矿行为直到2016年才被地方政府强制停止；2017年，锡林郭勒草原上仍有三家企业在自然保护区内开工建厂；呼伦贝尔、鄂尔多斯的草地违规占用现象时有发生，一些天然保护区的生态功能基本丧失。

四、信息不对称影响政策过程

信息不对称指信息在委托人和代理人之间分布不均匀，代理人拥有更多的信息。生态市建设过程中的信息不对称主要存在于府际关系和政企关系间。基层政府是生态市建设的主要执行者，处于“信息优势”地位，从而可以通过操纵和歪曲信息来谋取自身的利益，扭曲上级政策目标；大型企业作为地区主要的经济支撑产业，利用信息优势笼络地方官员，在权力与社会监督不完善的情况下，运用一些不正当的手段侵犯公共权威、侵占公共资源，出现政企非法结盟共同操作生态市相关政策的决策、执行、评估、反馈等过程。

五、环保组织出现“合法性危机”“选择性失语”

受我国政府体制的影响，一些环保组织的资源条件依赖于地方政府供给，环保组织的准入必须通过政府机构来验证。这种依附关系使得环保组织的成立由于没有政府机构挂靠而存在“合法性危机”。那么当面临一些有背景的企业污染现象时，环保组织受依附组织影响有时会出现利益摇摆，出现“选择性失语”、不作为等行为，严重偏离了公共利益方向，消减生态市建设效益。

六、公众产生抵制情绪，导致政策空转

当政府机构演化为政府自身利益的代表、环保组织成为政府机构代言人时，利益受损的公众群体的利益表达功能受到限制，为了维护、增进公众基本生存权益，他们只能借助公众舆论的影响力来抵制不合理的利益需求，从而影响生态市建设的顺利执行，甚至出现政策空转。这一现象属于公众正规化的利益表达方式。

七、贪腐现象依然存在

截至2018年8月31日，中央环保督察组在内蒙古环保督察“回头看”工作中，对企业及相关部门人员处罚情况如下：责令整改1672家，立案处罚336家，罚款3791万元；立案侦查99件，拘留22人；约谈223人，问责583人。[①] 内蒙古环保督察“回头看”工作虽已取得显著成效，但另一方面说明，在生态环境治理过程中，政企利益联合贪腐现象仍旧层出不穷：包头工业园区废渣倾倒、赤峰市有色金属冶炼废渣倾倒、通辽市霍林河露天煤矿非法占用草地、锡林郭勒苏尼特碱业碱矿侵占草原、满洲里政府草原生态补偿金挪作他用等现象，深刻表明政企利益链的不断延伸侵蚀着社会大众的公共利益，贪腐现象不断滋生，党政督察整改任务任重而道远，要依法依规责任追究，对于责任落实不彻底、不到位的情况，上级部门要深入追究。在第一次环保督察过程中，将十七类环境损害责任追究案件移交自治区纪检委，最终将一百多人严肃问责，其中涉及三分之一厅级干部、二分之一处级干部，生态环境破坏案件中的贪腐现象依然存在。

① 参见《中央环保督察组向内蒙古反馈“回头看”情况》，《人民日报》，2018年10月17日。

第四章　内蒙古生态市建设中地方政府的行动策略

第一节　政府利益扩张化影响下的地方政府行动策略

地方政府组织利益诉求的复杂化、多元化是决定公共政策最终走向的关键因素。就像陈庆云所说:政府官员角色的双重性决定了其利益既包括个人自身的利益,也包括作为代理人所需维护和增进的公共利益;或者说,政府官员是对个人利益、组织利益和公共利益等多种利益进行不断比较权衡的“比较利益人”[①]。政府不仅是公众利益的代理人,而且也要具备维护、增进组织生存所必需的资源和条件,还要满足官员个人生存所必需的利益要求。所以政府的利益目标经常在政府利益和公共利益间徘徊,其中政府利益包括组织利益、个人利益,政府要在均衡各种利益需求的情况下实现社会可分享的公共利益。政府组织作为一个利益主体,政府利益的存在具有一定的合理性,“只要这些利益要求不超过一般利益群体的利益需求水平,尤其是它们都是通过公开和制度范围内的途径实现的,我们就可以说这种政府利益是处在合理的范围之内”[②]。这种合理的政府自利性是激发政府及其公职人员积极执行上级政策,为社会提供良好服务的动力。汉密尔顿和麦迪逊说:“要组织一个人统治人的政府时,最大的困难在于必须首先要使政府能够管理被统治者,然后再使政府管理自身。”[③]所以任何政府组织都面

---

① 陈庆云、曾军荣:《论公共管理中的政府利益》,《中国行政管理》,2005 年第 8 期。

② 高庆年:《政府的自利性及其法律调控》,《探索》,2001 年第 1 期。

③ [美]汉密尔顿·杰、伊·麦迪逊:《联邦党人文集》,程逢如等译,商务印书馆,1980 年,第 264 页。

临着如何管理社会和管理自我两种行动策略的协调。那么政府如何做出选择,与政府自身的利益认知、资源条件及面对的利益激励环境有着密切联系。

一、利益认知:政府利益扩张化

政府作为公民群体的代理人,应以公共利益最大化为其主要行为目标,政府利益应包括国家利益、社会公共利益和政府自身利益三个要素。其中社会公共利益是最高利益,处于主导地位;政府利益只是政府组织本身的权益,处于隐蔽、次要地位。不能完全否认政府利益的存在,应合理控制它与公共利益间的主次关系。当政府利益的取向与公共利益具有内在的一致性时,政府利益会对政府行为产生有利影响,促使政府对一切侵害公共利益的行为进行约束或制裁;当政府利益的取向与公共利益存在不一致,膨胀并超越公共利益时,它的存在就会阻碍、侵犯公共利益的实现,出现机构扩张、利益独立的现象,导致政府行为失范和扭曲,影响政府的形象。此时的政府利益出现错位,侵占了获取公共利益所占用的资源,必然影响社会总福利效应减少,政府利益呈现出扩张性。

在利益分析视阈下,生态市建设可以看作在多元主体基于公共利益分配而形成的利益互动,共同体利益包括公共利益、组织利益和个人利益,但公共利益是统领其他一切利益的核心利益,其他利益必须在与公共利益共容的条件下生存、发展,这样才能确保社会共同利益的合理性分配。但是公权力总是掌握在由人民大众选举出的少数官员手中,从理性经济人角度出发,他们不仅肩负着为实现最广大人民群体公共利益的职责,而且也要为组织、个人基本权益的实现创造条件。政府组织利益的实现是它在纵向、横向交往关系中保持地位和发挥作用的基础;政府中官员个人利益包括名誉、地位、金钱、权力等,众多利益交织在一起,如何取舍与他们的利益认知有着很大的相关性。

可见,统治者的利益并不都是公共利益,多数人的利益也不都是公共利益，但多数人如果成为统治阶级，他们所代表的利益与公共利益才会有所契合。公权力掌握在由公众群体选举出的少数地方政府官员手中，这样的组织利益与公共利益并不是完全重合的。因而政府利益的多维度性、强势性、倾向性使得在没有健全的制度约束和激励机制作用下，政府官员的利益认知很容易出现偏离公共利益的方向，演化为政府利益最大化。当政府利益呈现扩张性时，就会侵占公共利益，此时政府不是维护公民利益的委托人，而是成为组织利益或个人私利的追逐者。

二、利益激励：强激励、弱约束的制度环境

政府组织利益、个人利益在政府利益中处于次要、从属地位，公共利益最大化是它存在、发展的主要使命。政府资源条件上的优势，使得它在生态市建设中拥有着强大的话语权、支配权、控制权，它的行动策略直接影响生态市建设的政策走向。在相关利益激励制度不健全的前提下，一些政府官员的个人狭隘利益就会膨胀，占用公共资源为自身谋取利益。资源是有限的，政府自身利益的扩大化必将占用实现公共利益的资源。此时，生态市建设中政府利益与公共利益间的矛盾、冲突是导致生态市建设执行阻滞的重要原因。这种利益矛盾、利益冲突的产生与不合理的绩效激励考核制度、纵向权力划分失范、机构间职能配置交叉及监督制度体系不健全有着重要联系。

（一）政治锦标赛

政治锦标赛是确保地方政府政治收益的一种激励策略。无论哪届领导出于理性经济人的特点，都有职位晋升的欲望，上级政府的考核指标中经济建设、社会保障、教育、文化、卫生等其他方面的发展也占有重要比重。生态县建设指标中虽然也涉及经济发展和社会进步指标，但考核方向都是以绿色经济、绿色社区等环境保护类指标为主要内容。事实上，生态县、生态市建设的主要内容就是环境保护体系建设，它并不是政府绩效考核中的第一要务。周黎安指出："现存理论主要将政府官员作为经济代理人，面临经济和财政激励，忽略他们作为政治代理人的特征（关心权力、职位和晋升），如

官场和权力的竞争。因此,他更倾向于将同一层级的地方官员相对于上级政府而进行的竞争称为'政治晋升博弈',或'政治锦标赛'(political tournaments)。"[①]这种竞争是一种零和博弈,即一人所得为另一人所失,它的特点在于参与人只热衷于竞争者的相对位次。因此,在政治锦标赛的制度激励下,参与人可以做有利于本地生态市建设的事情,也受同样的激励去做损害竞争者利益的事情。所以一些县级地方政府官员认为,生态市建设工程投资大、周期长,而每任官员都有自己的任期限制,有时候投入大量资源后,不能在任期内获得预期收益,甚至有时是为他人作嫁衣。现行的政策环境和政绩考核体制都不能给予环境治理以保障性和激励性,这样的制度体系影响了一些基层政府参与生态市建设的积极性,促使他们与企业型利益群体结盟,通过提升地区经济发展来赢得政绩。

(二)财政分权

财政分权是为地方政府提升经济收益的一种激励策略。财政分权的目的在于给予地方政府更多的自由裁量权,提高公共资源配置率,实现地方经济效益的增长;避免中央统一供给公共物品带来的资源浪费、效率低下;激励地方间形成利益竞争格局,利用社会群体用投票的方式给予地方政府更多外在压力,有效遏制寻租行为。可见,财政激励是有效激励地方政府提升公共物品供给效率的一项重要举措,但财政分权运作后的负面效益也日益凸显。财政分权下加大了地方政府间的利益割据局面,地方政府间形成恶性竞争格局。尤其在生态市建设中,地方保护主义盛行,一些利益不可分。外部性小的非经济性的公共基础设施、环保行业等项目,无法激励地方政府形成积极合作关系;反而那些收益高、外部性大的经济性行业,如电力、能源、运输、通信却是地方政府相互竞逐的主要领域。原因在于那些外部性强的经济性行业可以为官员晋升提供可观的生产力资本,提升地方经济收益。所以当前我国的财政分权体制从某种意义上说,是激励地方政府在中国经

---

① 周黎安:《晋升博弈中政府官员的激励与合作——兼论我国地方保护主义和重复建设问题长期存在的原因》,《经济研究》,2004 年第 6 期。

济成长中更多地扮演了"企业家"的角色,而不是公共物品提供者的角色。[①]这点也说明了地方环境污染与地方财政能力在环境库兹涅茨曲线(EKC)上存在的"倒U形"关系。地方政府会对辖区内的企业放松管制,提供"政策便捷通道",甚至结成消极同盟来牟取私人利益的最大化。

(三)环境行政权监督制度弱化

生态市建设中的环境行政权主要指与污染防治和生态保护有关的行政管理权力。对其进行监督主要是针对其环境保护方面的抽象行为和具体行为的监督。

地方政府环境保护方面的抽象行为包括立法行为和做出具有普遍约束力的决定、命令的行为,对于这种行为监督制度的弱化主要表现在没有及时、有效地公开机制,使得抽象行为的依据和程序具体包括将抽象行为的审议通过过程等,都没有社会公众的参与,社会监督职能缺位,影响环境保护方面抽象行为的公平性和民主性。[②]

对环境保护方面的具体行为监督制度弱化主要指,针对地方环境行政机关执行环境保护法律规范的监督制度不健全,尤其是制度化的问责体制建设没有发挥应有的功效,体制内监督体系被错综复杂的政府间利益关系所牵制,这种利益关系既有纵向上的府际关系,也有横向上的机构间协调关系。当这种利益关系不受体制内外监督体系制约时,它有可能促成非公共利益倾向的政府行为的发生,如不作为、懈怠执行、扭曲执行等行为,为利益群体的利益渗透提供了滋生的土壤。

三、行动策略

(一)个别基层政府与企业结盟欺瞒上级政府

在国家级生态市建设过程中,各地区依据环境保护部2007年发布的

---

① 参见傅勇:《财政分权、政府治理与非经济性公共物品供给》,《经济研究》,2010年第8期。

② 参见沈亚平、王瑜:《机制导向的地方生态市建设》,《理论与现代化》,2014年第5期。

《生态县、生态市、生态省建设指标(修订稿)》的考核标准进行自由申报,若想申报国家级生态市,必须要满足全市80%以上的县达到生态县建设指标,所以在内蒙古生态市建设政策执行中存在市级政府与县、乡级政府间的利益目标冲突。生态市建设作为市级政府提出的政策口号,不仅可以美化环境、改善城市生态,还可以带动第二、第三产业的迅速发展,是一项惠国惠民的好政策。市级政府积极响应政策号召,制定一些约束性指标体系给县级政府,有时甚至出现层层加码的问题。而县级政府作为最接近目标群体的基层政府,生态县建设是它的一项重要工作,但维护当地经济和社会发展才是它的中心任务。内蒙古地区的经济发展主要依靠资源开采,其中很多依赖资源的县乡刚刚摆脱了"贫困县、乡"的称号,根本无暇顾及生态市建设,有些基层政府甚至打出了"宁愿呛死,也不饿死"的口号。一些地区的县级政府在利益面前冲昏了头,为了在政治锦标赛中获胜加大了对经济创收快的企业建设,如电力、化工、制药等企业型利益主体进行政策庇护,在减排效益与经济效益面前选择了见效快、利益大的经济利益。但为了规避上级政府的督察工作,一些乡镇政府与排污企业结成利益联盟,共同与上级政府进行周旋。

1. 结盟方式

政企间的消极联盟指地方政府与企业为了谋取各自私利最大化,从而达成的合作型利益联盟。利益分析理论强调在特定的社会和文化环境下考察行为主体的利益认知。功利性导向下的地方政府组织与企业型利益群体结成消极联盟,这种消极利益结盟需要两个必要条件:一是这种结盟对地方政府的诱惑足够大,可以促使他们以牺牲稳定公权职务、社会荣誉、地位来换取短暂、有限的利润;二是不是每个官僚、每项政策都可以成为与企业型利益群体交换的筹码,利益群体是私人利益的代表,他们行动的策略都是以"成本—收益"核算来衡量,只有介入一些能为他们带来可观利润收益的政策,他们才会通过某些"特殊渠道"俘获地方政府,这里的收益包括短期收益与长期收益。

这种消极结盟常采取参与者利用上级建立自己的权力基础,把自己跟地位更高的人捆绑在一起,获得权力后,以忠于对方作为报答。[①] 这里的地方政府多指市级以下政府,这与生态市建设政策的具体内容密切相关。消极联盟的主要方式有:首先,乡镇政府有着得天独厚的权力和资源优势,这就与企业形成了利益诉求的互补性。例如,企业获得了排污许可,乡镇政府获得了隐形利益资本,如红利、干股、债券等形式。其次,地方政府打着为了提升政绩或当地生产总值的口号,私下与一些企业型利益群体结成"双赢"的消极利益联盟,这里的"双赢"不是指实现生态市的公共利益,而是非公共利益的均衡化。具体方式有地方政府通过行政干预的办法来增加企业的利润,人为地创造"租",诱使企业向他们"进贡",以作为得到这种"租"的条件,这种官僚机构主动提供抽取租金的机会称为"政治创租";抽租则是政府官员故意提出某项会使企业利益受损的政策作为威胁,迫使企业割舍一部分既得利益与政府官员分享。[②] 精英组织将手中的行政职权转化为谋求非公共利益的行政特权,从政治创租、抽租中攫取黑色利润。

2. 结盟过程

下面以内蒙古某县乡级政府与污染企业形成同盟者共同欺瞒市级政府的博弈过程为例,来说明消极利益结盟的过程。在包头生态市建设过程中,包头市政府下发了《关于加强建设项目和规划环境影响评价工作的通知》及《关于排查建设项目的通知》,要求为了进化空气质量减少主要污染物的排放,要求各地区基层政府迅速开始监察和整顿污染企业,以电力、钢铁、电解铝、铜、水泥、电石、焦炭、铁合金等行业为重点,淘汰落后工艺和设备,分期、分批关停若干电机组等措施。企业对于这种与自身利益关联度密切的政策必然会积极介入,通过利益渗透的方式与地方政府结盟,形成关系网络;地方政府面对这种强势利益激励会产生错误的政策认知态度,将个人或组织的利益凌驾于公共利益之上,采取种种措施掩盖、保护企业集团的污染、违规行为。面对这种情况,市级政府存在"管制""不管制"两种策略,县级政府

---

① 参见[加]亨利·明茨伯格:《明茨伯格论管理》,闾佳译,机械工业出版社,2007 年,第 189 页。

② 参见余敏江:《论生态治理中的中央与地方政府间利益协调》,《社会科学》,2011 年第 9 期。

存在“不结盟”“结盟”两种策略，而且每一方对另一方的可选择策略有清楚的了解，所以这种博弈属于完全信息博弈。

现以CG代表市级政府，RG代表县级政府，上述的动态博弈可以表示为如表4-1：

表4-1 市县级政府间的动态博弈模型

	CG	
	管制	不管制
RG 不结盟或关闭	-A，A1	理想状态政策执行终止
结盟或经营	A-B2 * P，A2-B	A-B3，A2-B1+B3

为了设计动态博弈模型，现假设1：县级政府选择与污染企业结盟继续经营的收益是A，而市级政府的收益为A2，那么不结盟意味着按规则办事对污染企业实施关闭，县级政府的收益就是-A；市级政府的收益为A1，若市级政府对县级政府结盟行为继续经营企业进行打击整顿的成本为B（人力、物力和财力等方面），县级政府为维护盟友而造成的损失为B2（比如罚款、扣税或被公众舆论监督造成的直接或间接成本）；市级政府不管制县级政府时对自身造成的损失成本为B1（如导致生态市建设工程延误，或由于污染引起公众的反抗等社会不稳定因素）。

假设2：县级政府被市级政府管制的机会为P（0<P<1），为了讨好市级政府掩盖其放任污染企业的行为，县级政府可能会放弃上级政府的税收优惠、转移支付等方面的优惠政策造成的额外成本为B3。

通过上述模型的构建可以发现：不同情况组合下各利益主体间的预期收益值不同：①市级政府不管制，县级政府不与污染企业结盟主动关闭时，博弈双方都没有给对方造成不必要的损失，这是最理想的状态达到政策预期效果，政策执行终止。②假设县级政府选择与企业结盟，继续让污染企业经营，此时市级政府的选择就是管制与不管制，也就是要比较这两种状态下的收益如何？若A2-B<A2-B1+B3，即B1<B+B2，此时市级政府选择不管制；反之，如果B1>B+B2，市级政府选择管制。由博弈模型得出的预期收益是一种简单、直观的算法，事实上，若市级政府只是出于不管制比管制状态得到的预期收益大，对县级政府与污染企业结盟行为随意放任，最终的结果是下级政府无视上级的权威，在政策执行过程中可以任意变更、替换政策，目的只是实现自身利益的最大化。这种状态只是把上级政府看作一种具备经济人属性的组织，忽视了政府是公众的代言人，公共性才是它的根本属性，那些潜在的小利润不会影响上级政府组织的决策环节，它会以实现社会公众利益的最大化为前提，尽量将损失控制在最小范围内，所以市级政府会明智地选择管制。这时需要考虑的就是在管制政策下，县级政府是选择不结盟、关闭，还是结盟、继续经营？同样的道理，还是要比较两种选择下的收益情况后。若 $-A > A - B2 * P$，即 $A < B2/2 * P$ 时县级政府会选择不结盟关闭污染企业，觉得违反上级政策无利可图，从而选择积极执行政策；若 $-A < A - B2 * P$，即 $A > B2/2 * P$，即县级政府与企业结盟的预期收益会大于预期成本，面对利益的诱惑，在政府管理体制不完善、监管制度及利益俘获等众多因素的影响下，县级政府会选择与企业结成盟友，偷偷纵容企业排污行为，变向、歪曲执行上级政策。

通过计算上述若干种博弈行为策略下得出不同的收益情况，可以看出在生态市建设过程中，若基层政府在与污染企业结盟继续经营中得到的利润是一定的，那么市、县级政府博弈行为策略的关键就在于，县级政府被市级政府管制的机会为 P 和县级政府由于违反上级政策、法规而得到的惩罚成本为 B2。在上述博弈模型中（结盟、打击）是县级政府和市级政府的非合作的博弈均衡，也是实际情况中最普遍、最常见的情况，博弈双方也认为他们彼此都选择了最优策略以回应对方，但这种选择都是基于理性人的角度出发，使博弈陷入囚徒困境状态，导致社会、环境治理成本的浪费。上述模型只是将最可能、最直观的博弈策略拿出来进行推理演算，没有考虑政策外部环境、其他利益相关者潜在的影响作用等因素的干扰，使得市、县级政府的博弈策略附加更多的选择条件。但无论附加再多条件，县级政府都会对利益激励弱的上级政策实施百般阻挠，想方设法地与上级政府进行周旋。所以，为了防止地方政府继续与污染企业结盟，可以通过提高损失成本和管制力度值来约束地方政府选择,使得他们的违规成本要远远大于他们的违规收益,还有加大稽查力度,定期、不定期地随时检查,才可以改变地方政府与企业结成"猫鼠同盟"阻碍生态市建设的状态。

(二)地方政府横向部门间的利益制衡

生态市建设是一项典型的公共政策,耗资巨大,周期长,短期内的成效小,获得的公共收益是所有利益群体都可以无条件地公平分享,不存在排他性和非竞争性。在政策本身的性质加之地方政府功利性导向的影响下,地方政府常常会产生利益认知偏差,夸大个人或组织利益,忽视政府公共利益,由此伴随着利益俘获、政治渗透、关系网络、搭便车等寻租现象时有发生,促使集体行动陷入了困境。在生态市建设中,国土局、地税局、水利局、环保局,以及环保二级单位监测站、环评部门、环境执法大队等都是生态市建设中重要的公权力行使组织,而有些机构只是边缘利益涉及者,部门利益的内部差距产生了利益分配不均衡。为了维护自身部门利益的最大化,他们常常暗地里与利益群体结成盟友,相互"照应",导致公权力部门化、部门利益法制化、部门利益个人化、机构企业化,部门不再是公众利益的代理人,而是成了企业私人利益的护身符、保护伞。例如,一些煤矿公司都是由政府官员直接参与生产经营,他们不敢以个人名义直接涉足私人利益,而是所在部门或组织以招商引资的方式与企业形成"伙伴关系",名义上是引入多方利益主体共同参与生态市建设,防止部门利益独大;实则是与煤矿企业暗地结盟,用公共资源换取红利、"干股",同时还通过造假、瞒报煤矿经营情况。地方政府与企业的利益结盟将使部门利益膨胀,扭曲政策执行,消减生态市建设成效。

四、对生态市建设的影响

(一)损害公众群体切身利益

这种消极利益结盟的后果就是地方政府不再是公众利益代言人,而与分利或强势利益群体结成同盟者,出现政策庇护、偏袒和保护污染企业的环境破坏行为、扭曲生态政策执行目标等现象，如瞒报污染企业排污指标、欺骗公众治污情况，损害公众切身利益。

（二）降低政府总收益

地方政府的主要使命就是实现本地区资源的最优化配置及地方利益的最大化，这一过程必然涉及私利与公利间的膨胀与摩擦。官员既有追求自利的一面，主要表现在职位升迁、工资收入、奖金福利、社会地位及荣誉等方面；他们也有遵循角色期待和社会规范的一面，利益认知的复杂性促使其行为方式的多样性。在生态市建设中，某些地方官员掌握着土地占有权、项目审批权、监测权及处罚权，当实现公共利益的预期收益小于现实成本时，私利就会超越自身界限而占据公利领域，他们就会选择突破制度限制转向谋求巨大的个人赢利空间，个人利益不断膨胀，从而分享政府利益，导致政府利益漏出、总收益减少。

政府也是由一个个地方政府组合而成，政府组织的公共性是不容置疑的。但由于某些制度性的缺失，忽视或纵容了地方政府中个人或组织利益的存在和扩大，使得地方政府在政策过程中本应履行的面向社会公众的"公共责任"，却沦为一种面向少数利益群体的"职业道德"，政府的权威、公信力遭到质疑，"公共性"资源必将大量流失。因此，作为生态市建设的主导力量，如何协调地方政府利益与公共利益间的权衡关系是影响生态市建设顺利实施的重要因素。

总之，地方政府与企业型利益群体结盟最终导致"企业赚钱、政府买单、公众受害"的局面，违背了生态市建设中公共利益的诉求：企业在追逐利润和履行环保社会责任间存在利益失衡，地方政府在短期经济利益与长期生态利益间出现利益失衡，公众在环境利益诉求薄弱和环境维权能力间出现利益失衡，各利益主体间的正当权利和诉求得不到保护，非法权力的获取现象不断滋生。这些问题都归因于强大的政治、经济利益激励与政府监督制度弱化所形成的强激励、弱约束的制度环境。生态市建设本身就是一项周期长、见效慢、耗资巨大的公共政策，当面对强的政治、经济利益激励，地方政府希望在短时间内赢得组织、个人利益最大化，很容易就出现利益认知偏差，借助公共资源制定偏离公共环境利益方向的行动策略，加之弱的制度约束体系为政府利益的扩张化提供了客观条件。主观上的认知偏差与客观上的利益激励制度错位，才是引导地方政府出现行动偏差的主要原因。

第二节　双重利益驱动下的地方政府行动策略

利益分析理论以“比较经济人”为前提假设，认为人性会在完全的“自利”和完全的“他利”、绝对的“私”与绝对的“公”之间变动。[①] 因此，地方政府组织不会像企业那样赤裸裸地盲目追逐私人利益，它除了在监管体制不健全、违法成本低下的条件下追逐功利性的“政府自身利益”外，它也经常在双重利益驱动下与其他利益主体进行博弈互动，这一行为方式与内外部制度环境的变化，促使地方政府改变了先前赤裸裸地追逐自身利益的行动策略。伴随生态文明建设的重要性与日俱增，逐步达到与经济、政治、文化、社会建设五位一体同步发展的位置，中央政府也陆续推出生态省、生态市、生态县及环保模范城、宜居城市等政策措施来提升整体生态环境，各级政府也相继出台了配套措施以加大环保力度。此外，市民社会的壮大影响到了地方政府的利益选择，在这种内外部制度环境的影响下，地方政府改变了先前扩张性的追逐政府自身利益的逐利行为，利益目标转向双重利益导向，政府决策需在“政府利益”与公共利益间进行权衡，试图找到均衡点。

一、外部制度环境变化影响地方政府利益认知

（一）社会转型

由计划经济体制向市场经济体制方式转变，使得原有的统治型政府已经不能适应社会的发展，需要政府转变职能，即由管控型转向治理型，吸纳

---

① 参见吴庆：《公共选择还是利益分析——两种公共管理研究途径的比较》，《北京师范大学学报》（社会科学版），2007 年第 5 期。

多元利益群体进行公共参与。从党的十七大提出“生态文明建设”，党的十八大把生态文明放在与政治、经济、文化、社会发展“五位一体”的战略位置，党的十九大提出“建设美丽中国”，以及人民对美好生活环境的追求依赖，迫切需要政府改变高污染、高耗能的以资源枯竭为代价的经济发展模式，转向人与自然可持续发展的绿色环保发展模式。生态市建设是政府实现生态治理能力现代化的必经之路，地方政府是公共利益的代言人，虽然有实现个人或组织利益最大化的利益诉求，但必须要与公共环境利益协调发展，否则，地方政府将受到体制内与体制外的双重问责。

（二）公众群体不断壮大

公众社会的崛起表现为公众环保意识发展到新阶段，公众环境维权意识逐渐成熟发展。从最近国内比较有影响力的几次公众参与活动，如厦门二甲苯项目（简称 PX 项目）、北京六里屯垃圾焚烧和社区环境圆桌会议等可以看出，公众利益群体不再是以前的那种任人宰割的弱势群体，他们出于自身生存环境利益的考虑，已经成为当今社会中推动生态市建设的重要主体。他们中有很多知识分子和技术专家热衷于参与环境保护，利用一切可利用的信息、技术资源与强势利益群体抗衡。这一过程也需要政府部门的积极回应和妥善处理，否则，这一社会力量将会成为阻滞政府公共利益实现的重要因素。新时代，随着大数据技术的引入，互联网 + 生态城市建设实现了政府、企业、公众协同治理，互联网中消除了等级关系，多元治理主体处于平等、协商的位置，“强国家、强社会”的治理格局在新时代逐渐占据主位。

（三）强势利益群体的出现

随着生态市建设在全国范围内的广泛推广，内蒙古自治区也不干落后、不受地理环境恶劣的影响，积极开展生态市创建活动。有些地区政府还签下责任状，把生态环境的改善作为政府绩效考核的一部分。在内外部制度环境的双重压力下，地方政府不敢冒天下之大不韪公然与企业型利益群体结盟，需要在如何有效规制和激励企业行动策略上谋发展。随着一些利益群体势力的不断壮大，他们拥有了与地方政府进行利益制衡的能力，在彼此的利益结盟中逐渐处于优势地位。尤其是那些依赖国有资本在行业中占据垄断地位的强势集团,通过复杂的关系网络享受着比其他一般企业优惠的政策或资源,在行业领域中称霸。地方政府为了不被他们牵制,需要重新权衡自身利益得失,改变先前“唯 GDP 至上”的发展思路,要在政府利益及公共利益驱动下进行权衡,方能实现各主体的有效制衡,避免利益冲突的发生、恶化,从而确保公共利益不被侵犯。

二、利益激励:政绩考核制度约束

政绩考核是对地方政府能力的考察,也是对地方政府工作能力、个人素质及影响力的一个总体测评。政绩考核的内容是多方面的,有短期、长期的,隐性、显性之分。短期、显性考核侧重于一些“短平快”项目,周期短、见效快。生态市建设本身就是一项周期长、见效慢、造福百姓的惠民工程。为了鼓励地方政府积极投身于公共环境建设,早在 2006 年中组部就颁发了《体现科学发展观要求的地方党政领导班子和领导干部综合考核评价试行办法》(中组发〔2006〕14 号),该办法规定,将资源消耗、保护耕地、环境保护等生态指标统计到对地方党政领导班子及其成员的政绩分析中。这标志着地方党政领导队伍的环境政绩考核制度的开始。2009 年,中组部为了深入贯彻科学发展观,在《地方党政领导班子和领导干部综合考核评价办法(试行)》(中组发〔2009〕13 号)中,明确要求对地方领导班子的政绩考核中要包括经济发展的综合效益、节能减排与环境保护、生态建设与耕地等资源保护,以及民意调查反映的群众对当地经济社会发展状况的满意度。[①] 这一举措健全了地方政府环保绩效考核制度,更加明确了地方政府在生态环境领域中的职责和义务。在响应上级政府政策号召的前提下,内蒙古地区各盟市也在干部考核中加入了环境、资源、民生等可持续发展指标,考核内容逐渐由先前的短期、显性指标发展为当前的长期、隐性指标,使得经济基础与

---

① 参见罗文君:《论我国地方政府履行环保职能的激励机制》,上海交通大学 2012 年博士研究生毕业论文,第 149 页。

上层建筑、社会公共服务等领域齐头并进。可见，在当前的政治体制及社会环境下，可持续发展的政绩考核已成为生态市建设中激励地方政府组织选择双重利益目标的一个动力因素。

三、地方政府与公众群体建立利益联盟

我国利益群体和利益需求的扩大化，使得利益主体若想实现自身利益诉求，需要通过各种方法与自身利益相似或相同的群体集合起来，扩大自己的影响力和号召力，促成自身利益的迅速实现。地方政府也不例外，它是一个复杂结构的利益主体，虽然掌握着大多数的资源，但为了实现政府利益，它会权衡各方面利益得失和政策外部环境变化来决定自己的行为策略。地方政府与公众群体结成利益同盟既有出于地方政府自身利益的考虑，也有出于公共利益至上的驱动，在双重利益的驱动下，地方政府会借助环保组织之手与公众群体进行沟通、协调，适当发挥公众群体的利益表达功能，使其与地方政府形成职能互补之势，共同与强势利益群体进行周旋。

（一）消极联盟牵制强势集团势力的扩张

在内蒙古生态市建设过程中，社会公众是规模最大的利益群体，地方政府有时需要联合公众群体，借助公众舆论的力量来制衡强势利益群体。地方政府复杂的双重利益结构使得它不可能像企业那样简单地追求私人或组织利益。地方政府出于自身利益考虑与利益群体结盟必须签订利益盟约，在不严重损害双方利益的前提下制定一些相关事宜，如生产规模、排污状况、盈利状况等细节，政府需对盟友企业型利益群体的产能、效益状况有所了解，以免完全被利益群体俘获成为“企业傀儡”。当利益群体按部就班地按照盟约约定行事时，双方处于暂时性的利益平衡状态；当利益群体为了追逐利润盲目采取行动，大量偷排污染物、加大污染工程力度等行为违背了当初盟约中的约束条约，甚至可能造成恶性事件，如矿难、污染源泄露、污染居民生活环境等后果，此时的地方政府需要借助公众舆论来制衡企业行为，如借助媒体曝光一部分违规事件，警示利益群体不能违背盟约规定。企业为

了生存进行停产整顿的同时,私下与政府部门进行利益疏通,通过“进贡”“拉关系”等手段重获政府“信任”。地方政府们可以通过警告或加大利益筹码的方式作为利益交换来帮扶企业。企业损失了一部分利润之后还会出现此类情况,直到黑色交易行为败露或交换筹码超出双方所能承受的范围,利益结盟解体。公众群体只能看到简单的表面现象,如企业被停产整顿、处以罚款,幕后的“黑色交易”根本无法想象。这一现象都是由于地方政府将公共权力看作为个人或组织谋私利的手段,将生态市建设看作为个人或组织谋取金钱、权力等物质性利益的渠道,自身利益的获取也是驱动地方政府与公众利益群体暂时性结盟的动力之一。当然这时的公众利益群体必须具备这种影响力,才可以作为地方政府制衡企业的一把利剑。

（二）基于公共利益目标下的积极联盟

政府官员是人民的公仆,代表广大人民的根本利益,但不代表政府可以不计得失地贡献自身,地方政府在做出每项决策前,也是要核算预期成本和收益的。同样,地方政府与公众群体结盟不单纯就是为了制衡强势利益群体,也是实现生态市建设目标的客观需求,寻求生态、社会、经济的共同发展,注重公众群体的利益表达是一项重要举措。

公众利益群体的社会监督体系是规制企业型利益群体减排的一个重要手段。我国现行的监督体系是权力监督与社会监督、内部监督与外部监督相结合。权力监督具备处罚权,但常由于无法及时、准确地获取信息资源而处于监管缺位状态。有时针对一些中小型企业集团存在偷排、漏排现象,面对政府管制,企业负责人以“你来我关、你罚我跑”的策略应对。环境监测或执法大队机构虽然知情,却因人力、物力有限而不可能实施蹲点监视、跟踪企业负责人踪迹,最终也不可能拿回罚款,即使拿回罚款也远远小于监管成本,监督机构只能选择放弃。社会监督虽可获取一手信息资料、成本低,但介于没有可靠的、及时的利益表达通道,也缺乏处罚权,无法对污染企业行为进行处理。所以公众利益群体必须和政府权威职能相互配合,才可形成有效、低成本的监督体系。还有在内蒙古草原生态治理中,由于草原面积和类型的不同,而且涉及农牧民的生计问题,需要农牧民积极参与到政策过程当中。同时草原生态治理的历史性、长期性、复杂性决定了在实施相关政策过程中，作为政策目标群体，农牧民的配合程度是影响政策过程的关键因素。草原生态治理是改变农牧民生存方式的一种政策手段，地方政府必须以公众群体的根本利益为出发点，制定和决策相关事项才能实现预期目标。否则，政策制定偏离公共利益，农牧民失去了生活资本，必将产生群体事件，影响社会安定。美国政治学家亨廷顿认为，“发展中国家公众政治参与的要求会随着利益的分化而增长，如果其政治体系无法为个人或组织的政治参与提供渠道，个人和社会群体的政治行为就有可能冲破社会秩序给社会带来不稳定”[①]。所以只有获取公众群体的广泛支持，才能为地方政府政策执行扫清障碍，有效遏制强势利益群体非法势力的不断扩张，提高生态市建设的有效性。

四、积极结盟对生态市建设形成的影响

（一）抵制功利性行为的发生

2006年5月《环境影响评价公众参与暂行办法》出台，2008年5月1日《环境信息公开办法（试行）》开始实施，制度约束机制作用下要求地方政府各部门准确、及时地公开环境信息，尤其是工业型重点污染企业废水、废气及重金属排污量、重点污染事故通报，加大企业违规成本；在完善公众利益表达机制的基础上，借助公众舆论影响力逐步瓦解地方政府与强势利益群体间的消极联盟，降低了地方政府发生利益摇摆行为的可能性。

（二）避免公共资源流失

地方政府生态绩效考核的制定，把生态与政治、经济、文化、社会建设放在同一高度，不存在优先经济利益还是优先环境利益，面对矿藏、稀土、钢铁资源的稀缺性，经济与环境建设的可持续发展才是地方政府的核心理念。当以长期的社会稳定、经济能源循环利用、生态环境良好发展为收益，不以

① ［美］亨廷顿：《变革社会中的政治秩序》，李盛平译，华夏出版社，1988年，第56页。

眼前短期经济利益为政策目标的地方政府必然会倾向公共利益。将生态市建设作为政府工作的内容,对建设过程中的相关个人、部门进行物质和精神激励,为官员今后的晋升锦上添花。可见,地方政府是生态市建设的主力军,所以要促使地方政府面对利益诱惑时不出现利益摇摆,始终以长远的环境利益至上为行动动力,在完善激励性、约束性制度体系的基础上,要改变地方政府在生态市建设过程中缺乏利益表达的指令式逐级执行过程,要给予弱势利益群体与政府组织沟通的机会,只有在利益互动过程中才能彰显地方政府的"公共性",避免"公共资源"的流失。

(三)提升生态效益

社会转型带来公众社会的崛起,企业、环保组织、公众群体共同参与的形成,减轻了地方政府生态市建设的成本压力,把监督权、管理权下放给其他利益群体,倡导多元主体的积极参与。地方政府组织与公众利益群体结盟的目的就是为了减少政策执行误差、改变信息不对称的局面,降低因执行偏差、偏离公共利益目标而导致的社会总体生态效益的损失;相反,实现基于职能互补形成的精英组织与公众群体的积极联盟,在保障各方主体利益诉求的基础上,实现社会生态效益的总体提升。

综上所述,在生态市建设过程中,某些具体措施的决策、执行都需要企业及公众群体的积极参与。地方政府与企业以利益关系为纽带结成积极同盟;政府通过规约企业污染行为达到生态市的政策目标,为子孙后代造福;企业在积极配合政府工作中,获得优惠税收、模范企业等物质性和名誉性的利益收获,从而提高企业竞争力。积极的利益结盟是联结政府与企业的一条重要纽带,但这种行为的实现需要有正确的利益认知、充足的资源条件及健全的制度环境等多方面保障因素。在健全的制度激励环境下,地方政府不会被短期的利益所俘获,不会由于一次或短暂性的利益摇摆行为而导致整个部门利益、个人终身利益的丧失;也可能想与公众群体真正结盟,弥补获取及时、可靠、成本低信息资源的缺失;还可能是不愿以短暂的个人利益扰乱整个城市、社会的稳定发展,看重的是长期的经济、环境、社会共同进步的稳定收益。经济上的放权刺激地方政府产生盲目的逐利动机,"政治锦标赛”进一步刺激了地方政府的行动策略，而且这种强激励不仅是正向的（升迁、奖赏），也是反向的（批评甚降职等）；相反政府在执行上的弱约束，监督、问责制度匮乏，职责权限划分不明确，虽表面上表现为政令畅通与决策高效，但借用公共资源扩张政府利益，严重阻碍了生态市建设这项惠民政策的顺利执行。强激励、弱约束的制度环境是导致地方政府行为偏差的主要因素。所以为了实现生态市的政策目标，需要中央政府合理调整对地方政府的制度激励体系，促成政府利益与公共利益的协调发展，推动生态市建设顺利实施。

第五章　内蒙古生态市建设中企业型利益群体的行动策略

第一节　近几年全区主要工业企业污染现状

内蒙古拥有全国1/3的草地面积、野生物种千余种，是西北重要的煤炭、矿物资源储备地区，其经济增长主要依靠工业产值，工业的发展必然带动整个地区经济的快速腾飞，如表5－1所示：

表5－1　2007—2018年内蒙古产业结构增幅情况统计

年份	生产总值（亿元）	比上年增长（%）	第二产业增加值（亿元）	增长比例（%）	第二产业对经济增长的贡献率（%）	第三产业增加值（亿元）	增长比例（%）	第三产业对经济增长的贡献率（%）
2018	17289.2	5.3	6807.3	5.1	37.2	8728.1	6	56.1
2017	16103.2	4	6408.6	1.5	14.8	8047.4	6.1	74.9
2016	18632.6	7.2	9078.9	6.9	49	7925.1	8.3	47.2
2015	18032.8	7.7	9200.6	8	51	7213.5	8.1	40
2014	17769.5	7.8	—	9.6	—	—	7.6	—
2013	16832.38	9	9084.19	10.7	67.6	6148.78	7.1	27.7
2012	15988.34	11.7	9032.47	14	67	5508.44	9.4	28.7
2011	14246.11	14.3	8092.07	17.8	68.3	4849.13	11	27.9
2010	11655	14.9	6365.79	18.2	67.1	4187.83	12.1	29.3
2009	9725.78	16.9	5101.39	21.4	62.2	3695.37	15	36.5
2008	7761.8	17.2	4271.03	20.5	61.4	2583.79	15.5	33.6
2007	6018.81	19	1685.13	29%	54.5	1537.55	17.9	36.1

数据来源：根据《2007—2018年内蒙古国民经济与社会发展统计公报》整理。

从表5-1中的数据可以清晰地看出:一是内蒙古国民生产总值、第二产业增加值的增速从2013年之后开始放缓,但它对全区经济增长的贡献率仍占据主导地位。二是从"十三五"规划以来,第三产业增加得突飞猛进,成为对经济增长贡献率的主导产业,这与生态环境建设的政治战略有着密切联系,符合国家可持续发展思路。但有"产"就有"耗",企业的高耗能也将会产生大量有害物质,危害公众的生存环境。下面以内蒙古近几年的主要污染物排放量作为分析对象,如表5-2所示:

表5-2 2007—2014年全区主要污染物排放量(万吨)

污染物	项目	2007年	2008年	2009年	2010年	2011年	2012年	2013年	2014年
二氧化硫	总量	145.6	155.7	145.6	143.1	139.9	139.4	140.9	138.5
	工业	129.6	138.4	128.3	125.9	120.4	124	125	124.2
	城镇生活	16	17.4	17.3	17.3	19.5	16.1	15.9	14.3
氮氧化物	总量	—	89.8	83.7	104.8	102.5	131.4	142.2	141.9
	工业	—	—	—	—	—	105	115.1	114.7
	城镇生活	—	—	—	—	—	3.06	2.45	2.62
	机动车	—	—	—	—	—	23.3	24.7	24.6
烟尘	总量	77.8	66.1	66.4	57.9	49.4	73.8	74.4	83.3
	工业	60.3	48.8	50.4	42.8	32.1	56.4	60.8	66.8
	城镇生活	17.5	17.3	16	15.1	17.3	14.7	10.63	13.64
	机动车	—	—	—	—	—	2.8	2.9	2.89

数据来源:环保部:《将围绕大气污染展开突击检查:》http://news.xinhuanet.com/politics/2013-10/14/c_117699891.htm? prolongation=1,2015年10月14日.

从表5-2中的数据可以得出,全区二氧化硫、氮氧化物和烟尘的主要排放来源于工业,占到总排放量的80%以上。在生态市建设过程中,由原国家环保总局2007年印发的《生态县、生态市、生态省建设指标(修订稿)》中,对生态市建设的考核指标大都与企业产能相关,如单位生产总值能耗、实施强制性清洁生产企业通过验收比例、主要污染物排放强度等多项指标都与工业型企业运行相关。为了遏制这些污染物的排放,地方政府规制企业每年都要更新技术设备去除大量污染气体,但所有治理污染的政策措施都需要有足够的资金作为支持,此时就产生了主体间利益分配的冲突。地方政府加大环保投入的前提需要有足够的资金,资金主要来源又依靠地方大型企业的税收;在市场竞争中,企业为了生存、发展,常常以自身利润最大化为目标,对于那些费钱、费时、短期见不到收益的项目一般都有意躲避。时任环境保护部规财司司长赵华林在2013年环境保护年会上说:"现在一个60万千瓦的脱硫机组一年运行费是7000万元,满负荷运行的情况下'偷排'一天的效益可以超过20万元,非常可观。正因为如此,一些电厂即便环保人员盯在那儿还要偷排,主要领导甚至冒着撤职的风险。"[①]这就构成了地方政府监管与企业排放间的利益矛盾,这一对利益矛盾也是生态市建设中的主要矛盾之一。原因在于,生态市建设的核心理念是实现社会、环境、经济的同步发展,不可以说谁先谁后、谁重谁轻。经济发展要以环境保护为根本目标,环境保护要以经济发展为基础保障,没有经济,政府环保投入从哪里来?如何在经济快速发展的同时确保环境效益是生态市建设的首要任务。谈到经济肯定离不开企业发展,所以经济发展与环境保护间的利益冲突主要体现为地方政府组织与企业型利益群体间的博弈互动。

本书选取呼和浩特、包头、鄂尔多斯三市工业企业的发展情况为例,主要原因在于:一是经济基础雄厚。2000年,内蒙古就确立了以呼、包、鄂为主要经济圈的发展战略;2015年,呼和浩特、包头、鄂尔多斯三市的生产总值占全区的59%。二是城市产业结构多元化。呼和浩特以毛纺、乳品、电力工业为主的工业体系城市;包头市是内蒙古典型的重工业型城市,钢铁、稀土等产量丰富;鄂尔多斯是典型的资源型城市,煤炭、天然气储量位居全国前几位。三是呼和浩特、包头、鄂尔多斯城市一体化发展,试图打造北方重要的生态城市群,对三地生态、资源、人口承载力的深入分析尤为重要。呼和浩特、包头、鄂尔多斯三市的经济地位决定了它们对全区生态市建设的影响力非常大。所以下面选取呼和浩特、包头、鄂尔多斯三市的主要工业企业为

---

① 杨烨:《环保部:将围绕大气污染展开突击检查》,《经济参考报》,2014年1月8日。

例，对三市中大气主要污染物二氧化硫、氮氧化物及烟尘排放的行业进行梳理，分析哪些行业的排放量最大，再针对这些行业中的主要污染企业进行梳理，找出哪些企业的污染状况最为严峻，并对这些企业群体进行结构性分类，为后续对不同企业型利益群体的行为分析奠定基础。

一、呼和浩特市工业企业的污染物排放现状

呼和浩特市是内蒙古自治区政府所在地，大唐托电、呼市热电、北方金桥电厂的装机容量在全国地级市中都位居前列，生物制药业、冶金化工及食品加工等多元化的产业结构，影响着地区的生态环境状况。二氧化硫、氮氧化物及烟尘是大气的主要污染物，下面对2015年全市排放二氧化硫的行业进行梳理，如表5－3所示：

表5－3　2015年呼和浩特市主要大气污染物排放的行业统计（单位：吨）

行业 / 指标	煤炭消耗量	二氧化硫排放量	氮氧化物排放量	烟尘排放量
全市总量	28741197.69	98689.805	162954.871	17775.164
火力发电与热电生产、供应行业	25175566.09	74771.665	148260.246	8660.531
化学原料及化学制品制造业	818771.8	9163.103	2006.794	4649.299
医药制造业	345612.5	4621.924	970.358	374.308
非金属矿物制品业	896627	1255.885	9152.832	2726.382
食品加工制造业	95289	1206.812	280.038	220.356

数据来源：根据《2015年呼和浩特环保统计》计算整理。

从表5－3中数据可知：重点排放二氧化硫的行业依次为：火力发电与热电生产、化学原料及化学制品制造业、医药制造业、非金属矿物制品业和食品加工制造业。其中火力发电与热电生产、供应行业的排放量最大，已经占到总排放量的76%以上。同时，该行业的耗煤量、氮氧化物、烟尘排放量都占据了行业排放量中的第一位。明白了哪些行业的污染物排放量最大后，

我们再来梳理一下行业内部哪些企业的二氧化硫排放量相对比较多。我们选取了每个行业中二氧化硫排放量位居前六位的几家企业进行数据分析，如表5－4所示：

表5－4 2015年呼和浩特市主要排放二氧化硫行业中的重点监控企业统计(单位:吨)

行业	企业名称	耗煤量	污染物排放量		
			二氧化硫	氮氧化物	烟尘
火力发电	行业总量	25175566.09	74771.67	148260.25	8660.53
	内蒙古某国际大型发电有限责任公司	16550470	30775.76	110817.97	4512.93
	内蒙古某能源投资有限公司金山热电厂	1523200	8048.14	6652.55	578.4
	某大型电力有限责任公司呼和浩特金桥热电厂	1883900	6543.03	12728.1	407
	内蒙古某发电有限公司	1167900	4312.77	7665.79	301.64
	呼和浩特市城发供热有限责任公司桥靠分公司	216000	2827.44	583.2	41.04
	呼和浩特科林热电有限责任公司	2267400	2697.49	5213.64	295
化学原料制造业	行业总量	818771.8	9163.10	2006.79	4649.3
	中海石油天野化工股份有限公司	442844	4961.84	1103.68	117.7
	内蒙古神舟硅业有限责任公司	110000	1496	297	18.04
	内蒙古三联金山塑胶有限责任公司	80000	1088	235.2	115.2
	内蒙古拜克生物有限公司	47450	645	139.50	75.92
	神舟生物科技有限责任公司	35105.8	447.6	103.21	56.17
	内蒙古三联金山化工股份有限公司	34000	380.8	99.96	49

续表

行业	企业名称	耗煤量	污染物排放量		
			二氧化硫	氮氧化物	烟尘
医药制造业	行业总量	345612.5	4621.92	970.36	374.31
	齐鲁制药(内蒙古)有限公司	120000	1632	324	10.8
	金河生物科技股份有限公司	87464	1189.51	257.14	139.94
	石药集团中润制药(内蒙古)有限公司	74680	1015.6	201.64	119.49
	内蒙古开盛生物科技有限公司	29955.5	381.93	88.07	47.93
	内蒙古金达威药业有限公司	13269	180.46	39.01	21.75
	金宇保灵生物药品有限公司	11800	130.39	34.69	18.88
非金属矿物质品	行业总量	896627	1255.89	9152.83	2726.38
	内蒙古冀东水泥有限责任公司	393424	322.77	4478.25	657.26
	内蒙古天皓水泥有限公司	332900	273	3266.43	610.5
	内蒙古物西水泥有限责任公司	20000	238	58.8	217.15
	土默特左旗察素齐镇砖瓦厂	2200	63.7	12.37	18.69
	土默特左旗古城砖厂	2500	61.05	8.57	18.23
	土默特左旗友好一砖厂	1800	54.8	8.25	12.46

数据来源:根据《2015 年呼和浩特环保统计》计算整理。

从行业内部数据分析得出:呼和浩特市地区的耗煤量大,二氧化硫、氮氧化物、烟尘排放量大的企业主要是内蒙古某国际大型发电有限责任公司,它的排放量占据行业总排放量的 50% 以上;还有些石油化工、化学制造业的废气排污量也不容小视。

二、包头市工业企业的污染物排放现状

包头市是内蒙古重要的制造业和工业中心,被誉为“稀土之城”“钢铁之都”。仿照呼和浩特排放二氧化硫的工业行业、企业的统计方法来梳理包头市的情况,如表 5 - 5 所示:

表5-5 2015年包头市主要大气污染物排放的行业统计(单位:吨)

行业 指标	煤炭消耗量	二氧化硫排放量	氮氧化物排放量	烟尘排放量
全市总量	35192078.56	209780.88	129749	78945.96
钢铁压延	2683614	98487.27	35391.92	45193.16
火力发电与热电生产、供应行业	16019156	77399.51	61358.77	15143.36
稀土冶炼	6081628.65	30760.87	24492.65	6238.06
铁矿采选	115558.34	1139.36	344.83	6204.58
烟煤开采选洗	13964	188.88	41.77	139.8
水泥制造石墨	62729	269.79	382.87	2422.7

数据来源:根据《2015年包头市环保统计》计算整理。

表5-6 2015年包头市主要排放二氧化硫行业中的重点监控企业统计(单位:吨)

行业	企业名称	耗煤量	污染物排放量		
			二氧化硫	氮氧化物	烟尘
钢铁压延	行业总量	2683614	98487.27	35391.92	45193.16
	内蒙古包钢钢联股份有限公司炼铁厂	1560000	77680.86	10850	13509
	内蒙古包钢钢联股份有限公司(热电厂)	482712	7205	21793	7462
	包头市宝鑫特钢有限责任公司	264000	3749.06	718.442	4073.7
	包头市德顺特钢有限责任公司	125700	2754.61	15.45	1609.55
	包头市大安钢铁有限责任公司	81681	2553.95	551.3	4079
	固阳县海明炉料有限责任公司	89700	2008.21	190	650

续表

行业	企业名称	耗煤量	污染物排放量		
			二氧化硫	氮氧化物	烟尘
火力发电	行业总量	16019156	77399.51	61358.77	15143.36
	神华神东电力有限责任公司萨拉齐电厂	1730236	17861.61	3945.42	1379
	包头东华热电有限公司	1609300	14400.81	6607.54	955
	北方联合电力有限责任公司包头第二热电厂	3290400	12584.29	13155	751.35
	北方联合电力有限责任公司包头第一热电厂	3360400	11744.26	13892.89	6768.74
	华电内蒙古能源有限公司包头发电分公司	3498400	7761.04	14273.18	2517.16
	北方联合电力有限责任公司包头第三热电厂	1646000	5610.31	6744.98	1000.61
	包头市山晟新能源有限责任公司	710600	5134.09	2190.74	1219
稀土冶炼	行业总量	6081628.7	30760.87	24492.65	6238.06
	东方希望包头稀土铝业有限责任公司	5896100	23569.89	23679.39	4902.81
	包头华美稀土高科有限公司	37248	2059	140.6	460.85
	包头铝业有限公司	24596	1864	209.3	168.3
	包头华鼎铜业发展有限公司	—	1165.25	—	252.88
	内蒙古包钢稀土(集团)高科技股份有限公司	77976	1063	330	127
	包头市红天宇稀土磁材有限公司	25180	480.23	70.2	137.72

续表

行业	企业名称	耗煤量	污染物排放量		
			二氧化硫	氮氧化物	烟尘
铁矿采选	行业总量	115558.34	1139.36	344.83	6204.58
	包钢(集团)公司白云鄂博铁矿	69480.4	555.84	204.27	695.25
	包钢集团巴润矿业有限责任公司	31238.94	424.849	91.842	2646
	内蒙古包钢稀土(集团)高科技股份有限公司白云博宇分公司稀土选矿厂	8200	69.7	29.68	53.21
	达茂旗北盛康矿业有限公司	2160	29.37	6.35	195.7
	包钢(集团)公司选矿厂	1476	19	4	1675.06
	包头市石宝铁矿有限责任公司	400	5.44	1.17	266.17

数据来源:根据《2015 年包头市环保统计》计算整理。

从表5－6中的数据可知:包头市二氧化硫排放量较大的行业集中在:钢铁压延行业、火力发电及热电生产行业、稀土冶炼和铁矿采选行业。这些行业中的重点二氧化硫监控企业有:内蒙古包钢钢铁股份有限公司炼铁厂、内蒙古包钢钢联股份有限公司(热电厂)、神华神东电力有限责任公司萨拉齐电厂、北方联合电力有限责任公司包头分公司、东方希望包头稀土铝业有限公司、包头铝业有限公司,它们的废气污染物排放和耗煤量在行业总量中都占据较大比例,属于国家重点监控企业。

三、鄂尔多斯市工业企业的污染物排放现状

鄂尔多斯市是典型的资源型城市,大量的煤炭资源是当地的主要经济命脉,但也是污染之源。下面运用同样的方法分析鄂尔多斯市工业行业、企业的污染情况,如表5－7、5－8 所示:

表5-7 2015年鄂尔多斯市主要大气污染物排放的行业统计(单位:吨)

指标＼行业	煤炭消耗量	二氧化硫排放量	氮氧化物排放量	烟尘排放量
全市总量	64338725.76	198813.39	201227.98	169869.33
火力发电 热力生产、供应	37805523.56	155890.81	174736.88	82187.15
化学原料及化学品制造业	3578518.76	17668.44	6856.32	38374.35
石油加工、炼焦及核燃料加工业	8851429.29	7717.97	8468.87	14017.31
非金属矿物制品业	1163205.5	6020.8	8341.52	19691.65
煤炭开采和洗选业	12157075.04	5862.57	1868.33	12060.99

数据来源:根据《2015年鄂尔多斯环保统计》计算整理。

表5-8 2015年鄂尔多斯市主要排放二氧化硫行业中的重点监控企业统计(单位:吨)

行业	企业名称	耗煤量	污染物排放量		
			二氧化硫	氮氧化物	烟尘
火力发电	行业总量	37805523.56	155890.81	174736.88	82187.15
	内蒙古鄂尔多斯电力有限责任公司	5348500	21054.31	25571.3	41231.93
	北方联合电力有限责任公司达拉特发电厂	8499600	20366.25	50119.06	6133.33
	鄂尔多斯市蒙泰热电有限责任公司	971300	17846.8	6196.86	5009.47
	神华准格尔能源有限责任公司矸石发电公司	2618800	17056	7288.39	711
	鄂尔多斯市鄂尔多斯双欣电力有限公司	2164600	16110.65	8981.28	8338.41
	神华亿利能源有限责任公司电厂	2625000	8128.84	10553.71	796.15
化学原料制造业	行业总量	3578518.76	17668.44	6856.32	38374.35
	久泰能源内蒙古有限公司	2298530.97	7160.88	1402.92	243.49
	内蒙古亿利化学工业有限公司	616700	2463.72	2592.09	62.07
	内蒙古三维煤化科技有限公司	450000	1319.7	405	48.3
	内蒙古双欣环保材料股份有限公司	68614.04	1097.82	0.4	15.05
	内蒙古亿利能源股份有限公司达拉特分公司	—	927.32	110.13	1069.49
	鄂尔多斯电力冶金股份有限公司氯碱化工分工公司	—	532.26	—	613.87

续表

行业	企业名称	耗煤量	污染物排放量		
			二氧化硫	氮氧化物	烟尘
石油加工	行业总量	8851429.29	7717.97	8468.87	14017.31
	中国神华煤制油化工有限公司鄂尔多斯煤制油分公司	3791538	3025.16	6022.54	2306
	内蒙古伊东集团东方能源化工有限责任公司	790372	2470	221.6	96.8
	内蒙古伊泰煤制油有限责任公司	986920	1260.83	743.13	61.29
	内蒙古星光煤炭集团鄂托克旗华誉煤焦化有限公司	356800	509.3	113.81	79.82
	神华蒙西煤化股份有限公司焦化二厂	143	172.5	550	137.55
	鄂尔多斯市华冶煤焦化有限公司	90832	95.43	24.65	5.35

数据来源:根据《2015 年鄂尔多斯环保统计》计算整理。

从表 5 - 8 中的数据可知,鄂尔多斯市二氧化硫排放量比较大的几个行业为:火力发电及热力生产、化学原料及化学制品制造业、石油加工、炼焦及核燃料加工业、非金属矿物制品业及煤炭开采和洗选业;行业内的重点监控企业为:内蒙古鄂尔多斯电力有限责任公司、北方联合电力有限责任公司达拉特发电厂、久泰能源内蒙古有限公司、内蒙古亿利化学工业有限公司、内蒙古三维煤化科技有限公司、中国神华煤制油化工有限公司、鄂尔多斯煤制油分公司等十数家企业。

总之,上述数据只是 2015 年以二氧化硫为统计标准的一个排放废气污染物的行业分析,存在一定的局限性,但也反映出三市主要行业废气污染物排放部分情况:产生二氧化硫、氮氧化物和烟尘的主要行业是火电、热电、煤炭、化工、医药制造业。工业污染行业内的一些企业属于央企、国企、国控型,企业类型多样化、复杂化,地方政府若想实现生态市政策目标,减少废气、废水、废物的排放,就必须对这些企业集团的行为进行规制。然而企业型利益群体是私人利益的代表者,他们从事一切活动都是为了实现个人或组织利益最大化。所以企业应对地方政府的规制措施时不会被随意摆布、听之任之,他们要以自身的政治权利、资源禀赋,以及预期成本和收益为依据来选择与政府的博弈策略。

第二节 大型垄断企业的行动策略

内蒙古生态市建设过程中涉及的大型垄断企业的主要特征有:具有一定行政级别且高于地方政府,管辖权直属中央部委;话语权强大,尤其是体制内拥有强大的利益表达能力及多样化的利益表达渠道;集团权力意识强,试图通过政治性渗透的方式影响生态市的建设过程,使其朝着有利于集团利益最大化的方向运行;拥有巨大的社会资源,包括雄厚的财政资金、大量的人力资源和丰富的信息资源等;经营项目或产业具有稀缺性或特殊性,产量的多少在一定程度上影响市场资源配置方式;产品市场竞争性不充分,属于行业龙头老大,排斥社会组织参与合作。大型垄断企业具备的诸多特征是在计划经济体制下,依靠传统政府管制的保护、偏袒形成的,原因在于企业的发展在经济、社会发展方面给政府带来了很多利润和收益,带动了地区经济迅速壮大。下面以内蒙古某央企 SH 集团[①]为例,分析该企业在不同利益驱动下的行为策略及对地区生态市建设的影响。

一、大型垄断企业的发展现状

SH 集团是 1995 年 10 月经国务院批准,按照《公司法》组建的国有独资公司,是以煤炭生产、销售,电力、热力生产和供应,煤制油及煤化工,相关铁路、港口等运输服务为主营业务的综合性大型能源企业。[②] 内蒙古 SH 集团属于央企,具有一定行政级别且高于地方政府,这一特征为后续政企利益联盟提供了便利。2016 年 8 月,SH 集团在“2016 中国企业 500 强”中排名第

---

① 为保护企业隐私,用编号代替,全书同。

② 参见百度百科,https://baike. baidu. com/item/神华集团有限责任公司/2274395? fr = aladdin。

56位。[①] 2017年8月28日,经报国务院批准,中国国电集团公司与SH集团合并重组为国家能源投资集团有限责任公司。[②] 2001年,SH集团在内蒙古准格尔旗正式成立全资子公司。2002年12月19日,准格尔旗SH集团原煤产量1201.66万吨,商品煤销售1000.73万吨,跨入了千万吨级国有特大型煤矿的行列,集团成果此时发展到制高点。[③]

(一)为地方政府提供额外税收

截至2012年年底,SH集团共有全资和控股子公司21家,生产煤矿62个,投运电厂总装机容量6323.11万千瓦、拥有1466.53千米的自营铁路、1.3亿吨吞吐能力的黄骅港、4500万吨吞吐能力的天津煤码头和现有船舶11艘的航运公司,全集团用工总量为26万人,其中合同工20.7万人,劳务工5.3万人;百万吨死亡率0.0043,商品煤销售6.05亿吨,自营铁路运量完成3.43亿吨,发电2854.45亿度,港口吞吐量完成1.36亿吨。[④]SH集团的经济贡献率一直占据全国煤炭行业第一位,企业利润总额在央企中也名列前茅。

(二)转型升级助推城市低碳经济循环发展

SH集团响应生态文明建设创建低碳经济循环发展城市理念,始终围绕发电主业,以科技创新推动绿色发展,坚持产学研用相结合,坚持能源高效、清洁利用的产业发展方向,培育并建成了高新科技环保企业集群,掌握了节能减排、综合污染治理、智能化系统等二十多项核心技术,承担国家科技支撑计划、863计划等国家级科研项目(课题)28项,超低排放、烟气湿法脱硫、海水脱硫、锅炉燃烧降氮、烟气脱硝等十项重大关键技术国际领先。[⑤]"十二五"时期,SH集团是实现国际化的大型产业基地之一,不仅活跃了当地经

---

① 参见《2016中国企业500强:国网两桶油列三甲、华为第27》,凤凰网财经,http://finance.ifeng.com/a/20160827/14816467_0.shtml。

② 参见高杨:《中国国电集团公司与神华集团有限责任公司实施合并重组》,央广网,http://china.cnr.cn/gdgg/20170828/t20170828_523922203.shtml。

③④ 参见百度百科,http://baike.baidu.com/link? url = 16V_Q5wrww0fmXxrxjFwK2eNgwgKcOnEIMWQBjEXHhq - xOupUg90 - giHQ8AUKns7WhhKhC7gPqm8D - 5J2VLslK。

⑤ 参见国家能源集团,http://www.ceic.com。

济,也促进了社会平稳发展。SH 集团建立自己的工业园基地,为职工提供住房、医院、学校等基础公共服务,也带动了当地的经济、社会发展。

(三)带动相关产业快速发展

SH 集团不仅在煤炭行业创造了可观利润,在火电、新能源、水电、运输、化工、科技环保及产业金融方面也贡献突出。其中,新能源和可再生能源装机容量 3667 万千瓦,形成涵盖风能、太阳能、生物质能、潮汐能、地热能在内的门类齐全的新能源及可再生能源发电产业体系;拥有 2155 千米区域铁路路网,运输能力达到 5.21 亿吨;拥有 3 个专业煤炭港口(码头)及 62 艘自有船舶,港口设计吞吐能力 2.47 亿吨,是我国"西煤东运"的第二条大通道。[①]

二、利益认知:经济、政治利益最大化

西方国家的行业垄断是一种自然垄断,并在国家的干预下实行反垄断。而中国的大型垄断企业的行业垄断是一种行政垄断,[②]即离开了权力的保护将难以运转。大型垄断企业具有一个先天的优势,就是它具备行政级别且高于地方政府。这一特征为它与上级政府部门建立利益联盟提供了通道,通过这种方式可以有效地规避地方政府的管制。这也是大型企业迫切与上级政府建立利益关系的主要动机,即通过政治性利益渗透巩固其政治地位,也是提升大型企业非市场竞争力的重要路径,从而实现自身利益的最大化。

三、大型垄断企业的行动筹码

大型企业凭借占有丰富的资源条件(权威、经济、信息)可以较容易地接近上级政府,从而影响政策过程,它们以经济、信息资源为交换筹码与上层地方政府进行利益交换,实现经济与政治利益的双赢。

---

① 参见国家能源集团,http://www.ceic.com。

② 参见过勇、胡鞍钢:《行政垄断寻租与腐败——转型经济的腐败机理分析》,《经济社会体制比较》,2003 年第 2 期。

（一）经济、政治资源

首先，大型企业本身拥有生产资料的独特性和特殊性，强大的经济实力和庞大的生产规模，使得这些利益群体可以凭借生产资料的稀缺性相互间联手来操纵市场。强势利益群体积极配合有利于自身利益的政策，抵制于己不利的政策措施，迫使地方政府威信和政策执行有效性降低。其次，大型垄断企业也可以利用丰厚的经济资源给予地方政府政治援助，从而创造政绩，以此来实现企业更大的利润收益。最后，大型垄断企业必然会引进很多优秀人才，如专家组织、智库、智囊团等技术人才，他们通过利益渗透的方式制造有利于本集团的信息，有时策略性地向政府机构输入误导信息，介入生态市建设过程，并获得"特殊身份"从而在资源竞夺中获得更大的利润收益。企业的"特殊身份"与它的经济资源密切联系，经济资源的占有决定了企业在政策过程中的活动能力和话语权，这是大型垄断企业所具有的特点之一，也是与其他强势利益群体竞夺的重要资本。金钱与权力是一个硬币的正反面，彼此牵制、共存共荣，大型垄断企业同时具有经济资源和政治资源的优势。

（二）信息资源

大型企业一般组织化程度较高，凝聚力、表达能力都比较强，能够与地方政府组织形成严密的关系网络，第一时间获取可靠、有利的信息资源。在利益群体激烈的竞争中，信息资源的获取是第一位的。政府在解决政策问题时需要在众多的备选方案中选择易于实施的方案，此方案必须是能够有效地反映多数利益主体的共同意愿、希望甚至是模糊性共识。然而政策决策者受个人能力有限、信息资源不充足及成本费用的约束，不可能兼顾所有问题制定出完美的政策方案。在生态市建设中，地方政府制定的很多排污指标如废物处理率、废气排放率、工业用水重复利用率、总能源消耗量都需要大型垄断企业的积极配合提供及时、可靠的信息资源。在地方政府制定"十二五"发展规划时，对环境效益考核指标的确定都是在利益群体和专家学者的探讨和争论中得出结论的。大型企业生产量、能耗量跃居国家、地区前几位，它的信息数据对政策方案的筛选具有重要参考意义。

同时，信息获取需要大量的成本费用，地方政府有时不可能面面俱到，这就给大型企业实现自身利益最大化提供了机会。当政策方案与企业利益互不冲突时，它们会积极配合推进方案实施；反之，当政策方案与企业利益不相符时，它们会利用信息不对称，向政府组织提供一些有利于企业利益的信息数据，推动政策朝着企业经济利益的方向运行。当然，这种操纵能力不是每个利益群体都具备的，必须是目标群体规模够大、影响力够大才有可能不受政策过程的牵制，反作用于政策过程。SH 集团在生态市建设过程中就可以发挥这种反作用，全市每年环境监测数据的达标与否大多数都取决于 SH 集团的总能源消耗量、废气、废水、固废等污染物的排放数。所以大型企业的节能减排措施直接关系着地方生态市建设的成效。

四、制度性激励不足

（一）环境信息披露制度弱化

2003 年，由原国家环保总局下发的《中华人民共和国清洁生产促进法》第十七条中第一次明确规定了企业有义务及时公开环境信息，为公众监督企业实施清洁生产提供依据。信息披露机制就是借助企业内部与外部的相关利益主体对企业排污、治污情况进行监督，及时向公民进行企业环境信息披露，变相地激励利益群体主动参与清洁生产环节。信息披露机制可以有效地防止企业型利益群体利用信息不对称来规避政策监督或降低治污成本，从而提高经济利润，也是预防利益俘获行为的有效手段。环境信息披露制度不健全为企业型利益群体通过利益俘获与地方政府进行利益输送创造了机会。例如，利益群体有时会凭借专业技术人员的经验和先进的技术设备来精确地测算治污成本，之后利用技巧性地谎报治污成本来有效规避政府环境政策的管制，从而给规制者造成企业治污能力不足的假象，规制者就会采取减少排污税和增加排污许可证的数量来引导市场型环境政策的运行。但这种情况一般限于大中型企业集团才有能力以自身生产经营能力影响生态市政策执行过程。

(二)监管制度缺位

生态环境监管制度主要指,生态环境行政主管部门统一监督管理生态环境保护工作、其他部门和地方政府负责实施生态环境保护和污染防治工作的生态环境保护管理。[①] 社会上的利益主体基于经济人特性,在生产过程中往往追求私利最大化,在这一过程中有可能损害公共利益,采取破坏生态环境的行为。因此,环境监管制度可以有效规范、预防一切破坏生态修复、污染防治行为的发生。一切对生态环境产生不良影响的行为,都应受到监管部门的监督和惩罚。目前生态市建设过程中出现的污染违规排放、偷排,森林、草原砍伐等问题较多,我国的监管制度多采取事中监管、事后或末端治理的方式。例如,2012 年广西龙江镉污染饮用水事件、2013—2015 年出现在多地的城市雾霾天、2016—2017 年内蒙古乌梁素海污染事件等,都采取的是事后追究责任的方法。尽管从中央到地方都制定了相应的监管制度,但大多是政策性监督,实际操作性不强;监管虽享有法定的权限和职责,但由于获取被监管群体的排污信息成本很高,不能做到事前发现,使得污染问题由预防性治理演变为末端治理。然而社会公众监督则相反,获取一手信息容易,但社会公众缺乏强制性的监督制裁权,只能任违规者逍遥法外。[②]

五、行动策略

(一)大型垄断企业政治游说上层精英组织

要想对政策有影响或对建构政府决策有帮助,一个组织必须要获得通道,要有机会向决策者表达他们的观点。[③] 凭借“通道”,大型垄断企业可以将自身的利益诉求直接表达给政策决策者,强大的话语权通过政治游说的

---

① 参见马中:《中国生态环境保护管理体制改革思路与举措》,《中国机构改革与管理》,2018 年第 12 期。

② 参见沈亚平、王瑜:《机制导向的地方生态市建设》,《理论与现代化》,2014 年第 5 期。

③ 参见陈水生:《当代中国公共政策过程中利益集团的策略选择——基于典型公共政策案例的分析》,复旦大学 2010 年博士研究生毕业论文,第 159 页。

方式使决策者的利益目标发生摇摆。游说主要指公众群体依据法定权利，通过书信、致电、调研报告等方式参与政府决策过程，向具有决策权力的国家公职人员表达自己利益诉求的方式。政治游说分为直接和间接两种方式：直接政治游说指大型垄断企业参与中央的政策决策过程，将其利益需求或具体想法递交给人大代表、政协委员等精英组织。实现直接政治游说的主要方式就是在上级中央机构中安排企业自己的人员任职，这是大型垄断企业获得政治资源的主要方式。通过人际关系网络展开间接政治游说是大型企业获得"关系"资源的主要方式。

1. 直接政治游说——企业领导到中央机关任职

当前我国政府的管理体制允许一般大型国企或央企的领导人在中央机构中担任一定行政职务，或是本身就是由中央机构指派的。他们是寡头型利益群体与政府部门建立的"通道"。这些政府官员自身可能就参与生态市建设，或是通过官僚体系内部错综复杂的利益关系，来间接影响决策者做出有利于集团利益的政策方案，阻挠不利于本集团利益的政策出台；或是通过行业协会、商会或主管部门向上级政府反映利益需求。这种强大的话语权有时可以使一些不正当的利益诉求得以实现。这种利益渗透的方法是一种无序化的利益表达形式，所谓"无序"是指利益群体不按照国家规定的法律、制度体系来规范自身的行为。这种"无序"也说明了在生态市建设中利益群体与制度体系间发生摩擦，主要原因在于：一是制度体系不合理或低效率，难以满足利益群体间的利益均衡化，很多利益主体不认同、不配合；二是利益群体以利益渗透的方式与上层地方政府建立联盟，找到了利益"保护伞"规避地方政府的监督和约束体制，从而阻碍地方政府生态市建设目标的实现。

2. 间接政治游说——人际关系网络

人际关系广义上指人或事物之间所形成的社会关系，包括亲情、友情、爱情和工作关系等。当以"关系"作为一种研究范畴时，它在运作政治权力的地方政府间扮演着重要的角色。例如，以"人情""面子"这种关系主导的交往中并不严格按照公平原则分配权力和利益。对于大型企业来说，"关系"本身就是一种稀缺性资源。在政策过程中，企业以维护和发展自己的

“关系网络”为目标导向，通过非制度化的“人情”“面子”“老乡”等关系网联结起来的非正式官方接触，这种关系也是一种涉入政策过程的方式，有时会演化出一种寻租行为，影响政策的权力和利益分配。这种间接游说方式是当今中国利益群体成长过程中不可回避的一个阶段。这里的“网络”指大型企业中的利益主体凭借利益俘获的手段接近一些政府官员，再通过上下级、部门间的官僚人员相互连接形成的基于某种利益目的的关系网，体现了中国地方政府与大型企业集团间的复杂关系。

“网络”是有感情的“关系”结合形成的，如果只有“关系”但没有感情，也不会形成“网络”；而“感情”需要利益主体双方不断进行利益交换逐渐加深信任，维护、巩固彼此间的“关系”。“网络”中的行为者彼此相互牵制、相互利用、各取所需。行为者的地位级别越高，在网络中的可信度越高，其他人更愿意对其游说，拓展更宽、更大的“关系网络”。人际关系网络中的权力分配方式是弹性的，不同于正式组织结构中自上而下的规范性权力分配。

在生态市建设过程中，内蒙古拥有特殊的自然环境、丰富的资源禀赋，利益群体更需要这种人际关系网络来进行资源争夺。谁得到了资源开采权、项目审批权、草地占有权等特权，谁就实现了自身利益表达的排他性、利益分配的决定权。“腐败的基本形式就是政治权力与经济财富的交换”①，而利益驱动和政治体制的局限性是利益俘获、寻租等行为产生的催化剂。SH 集团从建厂到现在为当地经济、社会发展贡献了巨大的力量，但其污染物的排放也给地区增加了沉重的负担。如何实现生态市目标，需要地方政府权衡好利益得失，不要以经济的暂时性繁荣来换取几代人的美好生活环境，到时候引发的河流污染、植被破坏、荒漠化等一系列灾难性生态环境问题是不可逆转的。

（二）利益俘获对环保机构形成压力型体制

1. 地方环保部门功能受限为企业俘获地方官员提供契机

在生态市建设中，地方环保部门处于纵横交叉的政府管理体制中，纵向

① ［美］塞缪尔·亨廷顿：《变革社会中的政治秩序》，王冠华、刘为译，华夏出版社，1988 年，第 66 页。

上受上级环保机构的业务领导,依据上级政策执行环境规划和履行监督职责;横向上它又是地方政府的一个职能部门,人事权、财权都依赖于当地政府。所以面对监管企业违规排放时,它由于功能受限,有时无法抵制来自地方保护主义的行政干预,不能充分发挥自己的监督职能。因此,大型垄断企业也是利用这种体制性缺陷与地方政府结盟,得到地方政府的政策性庇护。先前提到的"尾矿坝""储灰坝"都是一些政策性遗留问题。从严格意义上说,"尾矿坝""储灰坝"到使用期限的就应该报废、重新选址或改善防污措施。但事实上,毒水、灰渣仍一如既往地排放,难道环保部门没有察觉?地方政府不知实情?可能的原因就是大型企业利用地方环保部门监管职能受限,为其展开利益俘获提供了"绿色通道",这种俘获不是简单的"金钱捐助",有时涉及复杂的经济、政治利益交换。

2. 大型企业与基层政府采取"共谋"行动

共谋行动指政府与企业私下达成的利益共识,利益目标与公共利益相违背。生态市建设中生态环境治理有时涉及跨地区、跨流域、跨部门的合作项目,例如,检测城市环境空气质量二氧化硫、二氧化氮和可吸入颗粒物的平均浓度或近岸海域水环境质量时,都不是一个地区的数据所能体现的,需要上下游或比邻地区的相互配合。但地方政府大多采取保护自己企业的发展,获得更多经济利益或制造"溢出效应"的利益驱动。大型企业作为地方经济发展的主要支柱产业,可以利用地方政府中一些利益摇摆不定的官员来实施利益俘获。大型企业与地方政府形成"共谋"格局,政府过度干预市场经济活动,出现政企不分导致市场功能受限、扭曲;大型企业也演化为商品货币关系与行政权力相互交织的行政约束性经济组织,非市场因素与价格机制共同配置资源,使经济运行具有明显的反市场倾向。[①] 据《中国纪检监察报》报道:在中央巡视结束后,SH 集团多次开展集团内部巡视,在 2015 年开展的两轮内部巡视共处理 271 人,其中给予党纪政纪处分的 101 人,对

---

① 参见梅伟霞:《我国转型期政企关系研究——基于企业政治行为视角》,武汉大学 2013 年博士研究生毕业论文,第 42 页。

25个基层党组织通报批评和诫勉谈话。SH集团至少已有18名原企业高管落马,在这些名高管所涉案件中,操控重点合同煤审批权谋取"黑金"、利用煤炭灭火工程的"黑洞"谋利成为腐败的两大主要来源。①

鉴于生态市建设政策的特殊性,一般被大型企业俘获的机构多以市县级环保职能机构为主。被俘获的机构不仅需要具备双重代理人的特性,即对上负责上报信息、数据,对下负责政策执行,直接面对利益群体,这样的机构才可以凭借信息不对称的优势来掩盖真实情况。与此同时,越是基层的政府官员越容易被俘获,因为他们的流动多具有属地特征,与他们建立"共谋"关系成本低、见效快。这些被俘获的政府机构也愿意与大型企业结成利益伙伴关系,原因在于:首先,大型企业的行政级别高、人际关系网络复杂,即使事情暴露也有上级部门为其承担主要责任,地方政府可能只是一些行政性处罚;其次,大型企业的俘获手段多样化,如金钱交易、股份、红利、干股,甚至海外移居等形式,这些手段比较隐蔽,不容易被发现,可以实现彼此间的互惠合作。

六、消极影响

随着政府职能转变,利益格局逐步分化,利益需求、利益矛盾越来越复杂化,政府在生态市建设中需要整合多方利益主体的诉求,激励、约束各主体的行为方式朝着有利于实现生态市的方向运行。SH集团作为内蒙古独有的大型央企,转变生产理念、承担部分绿色成本是它应尽的义务。但企业毕竟是私人利益的代表者,从事经济活动的目的主要在于通过市场资源配置功能,实现自身效益、福利最大化。所以当面对经济利益和环境利益抉择时,企业在社会责任意识淡薄、制度环境不健全、绿色成本投入过大、短期收益较大的情况下,行为策略就会倾向于经济利益,从而损害公众大众的环境

① 参见刘姝蓉、陈威:《神华集团至少已有18名原高管落马,101人受处分》,凤凰财经网,http://news.ifeng.com/a/20180123/55400409_0.shtml。

利益。SH 集团也不例外，它作为国家重点企业倡导生态环境效益，但随着每年产能的提高、产量的增多，生产经营模式仍摆脱不了高耗能、高污染、高排放的发展策略。现在一些西方发达国家常常花高价从一些发展中能源大国购买能源，尤其是不可再生资源，既可以贮备本国资源，又能减轻开采能源造成的环境污染。内蒙古有些盟市凭借面积大、资源丰富的先决条件随意开发煤矿、稀土等不可再生资源，走的仍是先污染、后治理的发展路线。加之相关排污技术、设施落后，偷排、违规排放的事件时有发生，给地方公众生存环境造成严重的污染，阻碍生态市建设的步伐。

（一）对城市造成环境危害

在人民网公布的 2013 年全国十大企业环境污染事件中，包头“尾矿坝”榜上有名，主题为“尾矿坝导致周边村民身患重病”。尾矿坝位于市区 12 千米之外、面积约 11 平方千米，呈椭圆形，周长约 13.6 千米，号称世界上规模最大的“稀土湖”。尾矿坝就是经选矿厂将开采出的矿石破碎后研成粉末，经过磁选后选出铁，再分离出 10% 的稀土，最后将剩余的矿物质也称矿浆全部泵到尾矿坝。尾矿坝的作用一是储存废渣、废物，二是将来在资源稀缺的情况下还可以进行再次提炼以备后用。尾矿坝中的矿浆成分主要是钢铁废渣、未提炼的稀土、氟及放射性金属钍，这些污染物形成了一个 20 米多高的“悬湖”，类似的还有储灰坝、钢厂。

给当地村民产生的危害主要有三方面：首先，这些污染源导致了当地 80 米以上的水井全部污染，农民们只好抽到 180 米深的井打水浇灌庄稼，这样加重了耕地成本、高昂的电价使得耕地成本大于收益，农民的基本生计蒙受损失。其次，尾矿坝污染的水中含有氟影响了地下水，周边三四个村的农民们陆续患上了骨质疏松、驼背、半身不遂等疾病。据不完全统计，某村从 1993 年至 2005 年年底就有 66 人死于癌症；2006 年以来，全村死亡人数为 14 人，其中 11 人死于癌症。[①] 最后，这些矿物坝高出地面几十米，而且露天存

① 参见刘立云：《包钢污染触目惊心》，新浪博客，http://blog.sina.com.cn/s/blog_77a952510101aau9.html。

放,地下又是沙质土地,如果遇到多发雨季或地震等自然灾害,随时可能产生污染物外漏、渗漏现象,周边村民的饮水、庄稼及黄河流域等生存环境岌岌可危。

上述种种危害使得当地村民们怨声载道,地方政府也早就注意到了这个随时可以引爆的危险物,连同当地环保部门监测周边河流、地下水、农田用水,发现都远超出正常指标。为了处理污染纠纷问题,地方政府只能采取生态移民政策将几个村庄都全部移走,工程浩大,至今搬迁工程进度缓慢,入住新居的村民又没有钱装修,都等着土地被征收后地方政府的补偿款,事情不了了之。搬到新居的农民们又面临如何生活的问题,对于那些以土地为生的农民,城里的生活对于他们来说很无奈,没有一技之长就无法维持生计。

(二)对社会造成利益和风险共存的隐患

包钢集团产生的尾矿坝、储灰坝和钢厂给当地公众带来了严重的环境污染。有些地区原先是蔬菜、水果的产量基地,现在却成为被“毒水”污染的荒芜耕地。公众享有的环境权、健康权受到企业私人利益的侵犯,长此以往公众与企业间的矛盾必然激化,引发冲突事件,加之新媒体对事件的快速传播,破坏了政府形象和社会的稳定秩序。可见,包钢给地方政府带来经济利益的同时也引发了很多风险因素的存在。

包钢在距离市区不远的乡村加高原有的储灰坝,引发了两百多村民的自发上坝阻拦施工,甚至演化为警民间的群体性事件。储灰坝是包钢为炼钢后储存废灰、废渣而修建的,1961 年建成,使用期为三十年,然而到目前为止原先的储灰坝仍在使用。由于废灰、废渣的增多,企业为了扩充储量,在没有征求当地村民意见的情况下决定增高约三米,这给本来就蓄积了多年的利益矛盾制造了爆发的导火线,村民集合起来上街游行、阻止企业强制施工,施工单位面对难以控制的局面叫来警察强抓带头人。由于场面混乱,引起了警民冲突,地方政府在这一事件中扮演着“摇摆者”“倾听者”的角色,利益目标发生了摇摆,偏离了追求公共利益的方向。

综上所述,大型垄断企业以追求集团利益最大化为行动目标,基于成本和收益的核算与地方政府共同结盟,通过利益俘获地方政府来影响政策结果,资源禀赋是它与地方政府进行利益交换时的筹码。先前政府机构依靠“罚、管、查”被动的管制措施已经与当今多元化的利益格局体系和多样化的利益诉求不相适应。如何规范大型垄断企业的行为,使其在盲目追逐经济利益的同时,也要主动承担起相应的社会责任,为生态市建设贡献积极作用,树立正确的利益观念、建立有效的激励体制和有力的权力制约机制,成为鼓励强势利益群体主动参与生态市建设的重要手段。大型垄断企业既是地方经济兴旺繁荣的基础,也是环境污染的重点监控对象,这些企业所处的盟市就是由于存在巨大的污染源,生态市建设进程相对缓慢。河北地区的重度雾霾现象也是受众多大型企业污染所导致,有效规范大型垄断企业的生产经营状况已迫在眉睫。

第三节　中型企业集团的行动策略

一、中型企业集团的发展状况

中型企业集团不一定都拥有行政级别,也存在一些产能收入在五百万元以上的私营股份有限公司,这就决定了它们在参与上级政府决策过程中的话语权不如大型垄断企业那样具有威慑力,可以反作用于政策过程。内蒙古地区的中型企业集团大多属于地方政府管辖范围,它们创造着可观的经济收入,成为地区经济的重要支柱产业,如钢铁厂、黑色金属加工厂、热电厂、煤炭加工厂、化工厂、制药厂等都是政府重点监控企业,有的属于国控、有的属于省级监控或市级监控。

内蒙古属于资源型地区,该地区集结了大量的电厂、热电厂,并形成一定的利益群体。据内蒙古供电局统计资料显示,内蒙古地区各类电厂每年的总供电量有一半都输送于区域外其他地区,也就是说这些电厂不归内蒙古供电局管辖,他们借内蒙古的煤炭资源为省外的其他地区供热、供电,却把污染留给了内蒙古各盟市。中型企业集团作为地区性的重要行业组织，与地方政府结盟是它们的主要行为策略，只有打通监管部门的"通道"，才能实现企业既得利益的最大化。因此，中型企业集团会采取一些迂回的手段，例如利用人际关系网络、利益俘获、入股分红等方式，向主管部门传递金钱、物质、信息等资源，希望得到政策庇护。如何引导这些企业集团朝着有利于生态市建设的方向发展，需要对其行动策略进行详细分析，找出主要影响因素来加以规范。

二、追求"良好社会声誉"与经济利益共赢，赢造竞争优势

在生态市建设过程中，政府与企业间是以利益关系为纽带建立联系的，所有利益主体都不可能做赔本的买卖，有的追求短期的利益得失，有的追求长远利益收益；有的追求物质性利益，有的追求价值性利益。中型企业集团不像大型企业集团拥有得天独厚的政治背景，所以在进行利益疏通时不能像大型企业集团那样，凭借政治游说影响政府决策，他们只能依靠地方政府，或是通过建立良好社会声誉的方式寻求政策支持或政策优惠，从而实现企业利益最大化。生态市建设中，一些热电厂、煤炭厂、化工材料加工厂等国有中型企业集团没有强大的上级政府作为依附时，社会舆论、企业形象、社会大众利益成了他们关注的目标，防止由于社会舆论而损坏企业形象，给地方政府造成舆论压力，甚至激起公众群体性事件，导致共同利益受损，影响企业形象，降低竞争力。一句话，中型企业集团追求经济利益最大化时，希望与地方政府结成利益共同体，一荣俱荣、一损俱损。因此，中型企业集团的行为动力不仅受经济利润或福利最大化的影响，也要注重企业的社会形象、社会声誉等价值性利益，当经济利润收益已具备一定规模，他们就会看重社会声誉，希望通过制度外社会群体力量的支持，提升利益群体的政治地位，营造竞争优势。

三、经济性政策工具匮乏

当地方政府以维护人民利益为己任、环境治理觉悟高、责任心强，或是迫于上级压力、违规成本高、长远利益大于眼前利益时，地方政府会将公共利益最大化放在一切工作的首要位置。此时，中型企业集团也不会冒天下之大不韪，而是转向维护公共利益方向，采取环境友好型策略支持生态市建设。中型企业集团在积极配合政府工作中，获得优惠税收、模范企业等利益收益，从而提高企业竞争力，赢得市场竞争的更大份额以获得更多经济利润，实现企业福利最大化。这种积极性的利益结盟需要有良好的制度性激励体系，来规范地方政府组织与企业型利益群体的行为朝着环境治理共同体的方向建立积极联盟。

中型企业集团是积极转变生产模式、节能减排支持生态市建设，还是违规排放阻碍生态市进程，取决于主体介入政策中的利益激励。也就是说，中型企业集团也不是一直都偷排、漏排，不遵照政府规章行事的，那样就是摆明要阻碍生态市建设，成了地方政府的绊脚石。地方政府会直接给予相应惩罚，甚至制定一些规制措施限制中型企业集团的发展，降低企业社会影响力。事实上，中型企业集团与地方政府结成的利益联盟既有积极的，也有消极的，关键在于相应的制度激励、制度约束体系的完善。当监管制度薄弱、经济性政策激励不足时，市场公平化的竞争环境由于受到过多行政干预而处于失灵状态。在弱激励、弱约束的制度环境下，中型企业集团只能通过与政府结盟的方式来获取政策优惠、政策支持。例如，在节能减排措施上给予放宽整改期限、降低监测标准等宽松性政策。可见，消极结盟的形成除了监管制度弱化之外，经济性政策工具匮乏是一个重要诱因。

（一）政府管理体制束缚

当前我国的生态市治理政策具有较强的政府行为色彩，仍然以命令—控制型的政府管控型为主。如表5－9：

表5-9　我国主要的环境政策工具

政策类型	环境规制工具	颁布/实施时间
命令—控制型	环境保护法	1979年9月颁布
	“三同时”制度	1979年,《环境保护法(试行)》对“三同时”制度从法律上加以确认;1981年5月,由国家计委、建委、经委、国务院环境保护领导小组联合下达的《基本建设项目环境保护管理办法》把“三同时”制度具体化。
	污染物排放许可证制度	1988年《水污染排放许可证管理办法》和1989年《水污染防治法实施细则》中对排污许可证的申请时限进行了规定; 1989年,第三次全国环保会议上,排污许可证制度作为环境管理的一项新制度提了出来; 1996年,国家将其正式列入“九五”期间环保考核目标; “十五”期间将总量控制作为我国环保工作的重点。
	限期治理制度	1989年的《环境保护法》确立了该制度,并对其存在的缺陷进行分析; 2009年7月,环保部发布了《限期治理管理办法(试行)》。
	城市环境综合整治定量考核制度	1984年10月,中央《关于经济体制改革的决定》中将其作为城市政府的一项主要职责;1988年7月,国务院环境保护委员会发布《关于城市环境综合整治定量考核的决定》。
	企业“关停并转”	1996年,国务院在《关于环境保护若干问题的决定》中第四条取缔、关闭或停产无法生产企业的问题制定相关规定。
	污染物总量、浓度控制	20世纪80年代试点,1996年《水污染防治法》中首次将污染物总量、浓度控制写入法律条例。
	环境影响评价制度	1979年颁布的《环境保护法(试行)》使环境影响评价制度化、法律化; 1986年颁布了《建设项目环境保护管理办法》,明确了其适用范围、内容、管理权限和责任; 2003年9月1日起施行《环境影响评价法》。

续表

政策类型	环境规制工具	颁布/实施时间
市场型	征收排污费	1982年2月5日，国务院发布《征收排污费暂行办法》和《排污费征收标准》，同年7月1日起施行。
	排污权交易	从1993年开始，包头、平顶山、柳州、开远、太原等地方陆续开展了二氧化硫和烟尘污染的排污权有偿使用的尝试性工作；2001年，中国国家环保总局与美国环保协会签署《推动中国二氧化硫排放总量控制及排放权交易政策实施的研究》合作项目，拉开了排污权交易在全国试点的序幕。
	超过标准处以罚款	2003年，国务院颁布了《排污费征收使用管理条例》。
	财政补贴	从1982年开始在全国范围内开展实施。
	生态环境补偿费	1983年，云南省环保局以昆明磷矿开展试点，每吨矿石收费0.3元，是我国最早开始征收生态环境补偿费的地区； 中共中央办公厅发〔1992〕7号中明确规定开征。
	环境污染责任保险	2007年年底，由环保部与保监会联合发布了《关于环境污染责任保险工作的指导意见》中规定；2008年，环保部与保监会在苏州召开了全国环境污染责任保险试点工作会议；2008年9月28日，湖南省株洲市昊华公司发生氯化氢气体泄漏事件是首例。
	环境税	把环境污染和生态破坏的社会成本，内化到生产成本和市场价格中去，再通过市场机制来分配环境资源的一种经济手段。2011年12月，财政部同意适时开征环境税；2018年1月1日起，《中华人民共和国环境保护税法》施行，环境税正式开征。
自愿型	公布环境公报、环境状况报告	1994年，在主要城市开展。
	环境标志制度	1994年5月17日，中国环境标志产品认证委员会成立，正式开始了“中国环境标志”的认证工作。
	ISO14000环境系列标准	1995年5月，中国正式成立“全国环境管理标准化技术委员会”。
	环境信息公开办法(试行)	2008年5月1日起施行。
	中华环保世纪行宣传	从1993年开始。

从表5-9中可以看出，我国现行的生态市治理工具中实操性与自愿型工具种类少、运用起步晚，大多市场型政策工具都是在各环境单行法中予以规定的，实施主体以各种环境管理部门为主。这一现象不仅反映出我国环境管理部门以自身利益为出发点的条块分割现象，同时行政干预色彩太浓，阻碍了经济性激励工具的优势发挥。“我国很多好的环境经济政策在实践中却迟迟没有推行，一个很重要的原因是上述政策涉及各个部门、各个行业和各个地区之间的权能和利益调整。”①例如，排污权交易是我国在深化利用市场机制解决环境问题方面迈出的坚实一步，但是我国的一些排污权交易案例大多是政府安排、协调、决定排污权在不同企业间的配置。整个交易过程没有市场因素的参与，而是通过政府与企业间的利益互动来推动交易完成。在不健全的市场竞争环境下，政府由交易监管者转变为利益协调者，企业只能选择与政府结盟的方式来实现集团利润。1994年分税制之后，地方企业集团的税费是地方政府的主要经济来源，这就更进一步加深了政企之间的密切联系，在政府管理体制束缚下建立的政企利益关系是导致市场型政策工具失灵的重要原因。环境税作为一种将企业排污成本内化到生产成本和市场价格中去，再通过市场机制来分配环境资源的一种经济手段，可谓是市场型政策工具中的一枝独秀，在激励企业优化产能结构，推动低碳城市经济发展方面具有显著效果，也能践行企业公平责任感，防治消极利益联盟催生的不公平竞争阻碍生态城市建设进程。

（二）市场机制不成熟

市场型政策工具主要是依靠市场机制发挥作用，没有完善的市场机制，必然导致市场信息不充分、失真，从而引导市场主体准确做出判断的能力。当前我国生态领域的市场机制不成熟主要表现在：产权界定不清、市场竞争不充分两方面。其中市场竞争不充分与行政干预色彩浓厚相关联，已在前面进行介绍，这里不再赘述。环境产权界定不清主要指在法律上明确不同主体因环境资源而产生的产权关系，包括产权归属、产权流转、产权监管等

① 潘岳：《七项环境经济政策当先行》，《瞭望新闻周刊》，2007年第37期。

内容。目前我国环境产权制度存在的问题主要有:①产权的使用者与所有者间权力不对等。我国的《自然资源法》中的规定多以规范国家行为,如何有效、充分利用资源为出发点,而对于物权的界定没有明确做出规定。尤其是自然资源的所有者和使用者的权利和义务间差异没有在法律中体现出来,对于使用者缺乏必要的约束、限制,易产生肆意侵犯所有者权利的行为。②产权主体不明确。例如,在生态移民、土地征收、草原征占问题上,国家、地方、公民间的多级委托代理关系使得产权界定在它们之间出现混乱现象,府际间的利益冲突、地方政府与公民群体间的利益冲突阻碍生态市相关政策的执行。有时多重产权关系使得产权主体不明确,为使用者消耗、浪费资源提供了机会。例如,内蒙古一些煤炭加工企业非法征占农牧民用地,导致企业、公民群体间利益冲突升级。所以产权界定不清、市场竞争不充分为企业型利益群体进行利益俘获提供了有利条件。

(三)法律保障不健全

我国的经济性激励政策运行不畅与缺乏必要的法律保障有着重要相关性。例如,环境税费征收、排污权交易、生态补偿标准等激励手段在运用中遭遇行政干预、市场失灵等问题,根源在于没有相关的法律制度来规范相关利益主体的行为。

四、中型企业俘获地方官员以规避环保组织

利益俘获是中型企业集团与地方政府进行利益互动的一种方式。利益俘获的产生对俘获者与被俘获者都有条件要求,俘获不同于腐败,是一种更加复杂的腐败行为。它的产生是利益双方在交换筹码过程中的讨价还价,寻求彼此局部利益的最大化。

对于被俘获者的条件前文已有介绍,这里不再赘述。对于俘获者中型企业集团来说也需要具备两个前提:一是企业能够影响政策的制定,这意味着俘获者企业相对其他企业往往要具有一定的能力;二是俘获所造成规制

政策改变的影响必须集中在少数企业。[①] 如果政策的影响力惠及大众，这种俘获行为会产生资源的优化配置，是一种理想状态；只有俘获的影响力比较集中时，局部利益的独大才会占据实现环境利益的资源，影响环境利益的份额，从而扭曲生态市建设过程。同时，中型企业集团与大型垄断企业不同，没有国家资金作为后盾，俘获官员或政策介入时花费的成本来源于企业自身收益。因此，针对一些利益激励弱、利润收益点低的项目，他们没有足够的实力介入。他们在采取行动时需要进行详细的预期成本与收益的核算，在地方政府制度体系不完善的情况下，利益群体以利益俘获为手段与地方政府建立"关系网"，在这种复杂的利益关系中双方进行讨价还价，寻找个人或组织利益最大化的交汇点。这时，中型企业集团要善于提供隐蔽性的俘获方式，例如，企业以额外投资或赞助的方式公开支持政府某项政策活动，让俘获行为"合法化"；在企业内部为地方政府的亲属提供高薪职位或股东身份参与公司分红；当俘获比较严重、规制者与被规制者交易的筹码过大时，利益俘获产生的效果要比直接金钱贿赂更加严重。

在国外由于政治体制不同，利益群体的发展程度和性质也有区别，国外的一些利益群体还会通过操纵具有影响力的传媒公司来影响公众选举，为规制机构带来政治支持从而制定有利于利益群体的规制政策，这是利益俘获的一种高级方式，是利益群体和公众舆论发展到一定水平时才具备的操控力，本书中的企业型利益群体目前还不具备这种影响力。在地方政府的庇护下，中型企业集团一跃成为具有良好社会声誉的经济人，经济利益驱动下的企业行为直接影响着本地区生态市建设进程，造成生态持续恶化。

总之，积极、消极是企业面对政府监管、放任两种行为的两种选择策略，不论哪种，企业都会以相应的利益激励条件进行收益核算，企业作为私营部门，营利是它的根本目标，也是生存目标，所以它们会以各种策略来应对政府部门的政策措施，从而选择收益最多的那种方案。

---

① 参见李健：《转轨时期中国规制俘获指数——方法论与设计》，《技术经济与管理研究》，2012年第2期。

五、案例分析:RE 公司申请成立上市公司中的合谋行为

本案例以内蒙古某市 RE 公司申请成立上市公司的过程为例,简单叙述一下利益群体与地方政府间的利益联盟是如何运作,从而满足相关主体间的利益诉求。这是在 2013 年 11 月 18 日上午 9:00 与该市环保机构中某部门负责人进行的一次简单访谈记录了解到的信息。

RE 公司在当地属于国有企业,行政级别属省级政府管辖,经营有色金属加工和压延行业,是内蒙古地区规模最大、全国排名在 20 以内的重要工业企业。从 2011 年开始,该公司就开始为申请上市公司做准备,预计在 2013 年提出最终环评报告上报省级环保部门核查后,再报环保部,希望通过上市扩大企业的融资渠道,增加企业生产资本积累,增强企业竞争力。

因为《公开发行证券的公司信息披露内容与格式准则第 9 号——首次公开发行股票并上市申请文件》中规定:"发行人需要提供发行人生产经营和募集资金投资项目符合环境保护要求的证明文件(重污染行业的发行人需提供省级环保部门出具的证明文件)。"所以 RE 公司需先提出核查申请、核查技术报告、发行证券方案等许多指标项目,之后提交省级环保部门核查,核查期限为申请核查的前 36 个月,最终将附有省级环保部门核查意见的文件提交中国证监会。从中我们可以看出,RE 公司若想得到申请上市的资格,省级环保厅是他们最理想的利益盟友。

省级环境科学规划院(简称环科院)是环保厅的下属职能部门,负责为 RE 公司编写具体的环保核查指标和企业环评信息等专业性资料。环科院既是科研院所,也是政府职能部门,这种特殊的身份为他们与企业型群体利益建立联系提供了便利,企业可以为他们提供科研实验的实证材料,环科院可以为企业制定专业性的经营规划或环评报告。两者间的利益关系错综复杂,相互依存、各取所长。环科院的部分工作人员在环保机构中也担任职务,双重职位为利益群体建造"人际关系网络"进入政府职能机构中提供了契机。

企业可以有机会与环保机构建立盟友关系，也可以为地方政府提供可以结盟的利益诱惑。RE公司虽然这几年也在积极改进技术设备、整顿污染物排放，但与上市公司通过的环境核查还有一定距离，但出于经济利益的诱惑，企业迫切想壮大自身实力，创收更多的利润收益，所以想通过“关系”走“捷径”。环境核查报告中涉及很多污染物减排、周边环境质量、公众满意度等指标。但RE公司给某市造成的环境污染也是有目共睹的，市级政府苦不堪言，成绩上级政府拿走了，污染损失留给基层政府。RE公司的污染排放严重影响该市生态市建设的步伐，与其他盟市形成了一定差距。因此，市级环保部门对于提供RE公司的环境核查报告保留意见，对一些指标体系没有伪造数据，不愿出具地区性环评报告。这时，RE公司只能凭借给地方带来的税收、经济影响力，给自己的盟友省政府中的地方政府施加压力。上级政府可能是出于政绩考虑、个人或部门利益考虑，毕竟RE公司上市对于省政府也是一项功绩。省政府环保厅给市环保局一些暗示：希望市环保机构积极配合国有企业上市工作，为地区经济的繁荣贡献力量。市环保局接到上级政府的压力型指示后只能“照章办事”，及时调配人手用了两天的时间做出了三个月的RE企业环境监测数据，而且呈现良好状态。之后，RE公司拿着这份监测报告到省政府，省政府在没有重大问题疏漏的情况下做出了“RE公司通过环境核查”的批示。

结论：《关于进一步规范重污染行业生产经营公司申请上市或再融资环境保护核查工作的通知》（环办〔2007〕105号）文件中规定，上市公司环境核查报告要对提出核查申请前三个月的企业环境报告数据进行监测，包括重要违法事件的发生、周围环境敏感点的全面调查、总量控制指标完成情况，以及环保设施运行情况等将近百项数据。行政机构仅用了两天就完成了如此复杂、周密的工作，且整个过程都不涉及实地取证、信息公示及公众听证等环节。这一案例充分表明了一个现象：这个既得利益群体往往是高管推动，强权与金钱开路，台上有人唱戏，台下有人鼓掌，台后有人指挥操控。[1]

---

① 参见邓聿文：《环境保护的毒瘤：地方保护主义和特殊利益集团》，《绿叶》，2007年第4期。

强势集团与地方政府结成利益联盟，来压制地方环保机构；地方环保机构受体制内因素制约权力受限，为了自身部门利益对于RE公司的行为只能装聋作哑；部分地方政府组织充当了强势集团的保护伞，对于RE公司与公众群体间的利益冲突只能留下来慢慢解决。这些强势集团忽视了公众利益和应承担的社会责任，盲目地追求集团利益最大化使得他们成为生态市建设中的分利性集团，阻碍了生态市建设进程并减损了社会公众总收益。长此以往，利益群体间的矛盾必然升级甚至影响社会安定，这一事实的根源主要在于某些企业型利益群体受物质性利益驱动，在短期利益、局部利益的激励下，利用自身资源与地方政府进行利益交换、各取所需，使生态市建设的集体行动陷入困境。

第四节　小型污染企业群体的行动策略

企业型利益群体中除了大型和中型企业外，剩下的多数是规模相对小的企业群体，该组织的特点是：不具备行政级别，一般都是私营企业；企业成员间的凝聚力不强，没有形成一定影响力的集团组织；话语权不强，利益表达能力受限，没有涉入政策过程的能力；资源禀赋也不充足，维持小成本的生产经营，没有充足的可用于利益交换的资本；经营短期性、收益快的项目；生产规模不太大，排放的污染量占全市污染总量的比重较少。

在生态市建设中，小型企业的利益动力很简单，就是个体经济利益的最大化，它们不具备与地方政府进行利益交换的筹码，它们在追求自身经济私利时，把对环境造成的负外部性转嫁给政府或公众群体，赤裸裸地追逐个人利益并与地方环保职能部门形成对抗阵营。

一、利益认知：经济利益至上

中小型企业群体是简单的“经济人”，经济利益得失是关系企业生存的根本因素，凡是有利于企业经济利益的政策措施，企业都会积极配合。生态市建设作为一项公共政策，外部性、非竞争性的特征使得中小型企业集团如果参与政策执行，不仅需要承担实现自身经济利益时造成的环境负外部性损失，还要对公共环境进行资金投入，在制度性激励和约束性措施不健全、社会群体公共责任意识不完善的情况下，作为经济人的私营企业一定不会牺牲企业经济利益与环保机构达成协定为生态市建设贡献力量，反而会将环境负外部性转嫁，形成“公地悲剧”。

二、资源条件不充足

资源条件不充分主要指知识信息、专业技术人员、管理能力和资金限制。小型企业缺乏专业的环境管理人员，对于企业治理环境发挥的作用有限，使得对治理污染的知识和信息掌握有限。企业只有了解多方面的污染治理知识和信息，才能选择较低成本的收益方式实现有效治污，这正是小企业所缺乏的一个重要优势。当面对环保机构的检查、处罚时，他们多以关、停或上交经济罚款等末端治理方式，避过政府专项整顿之风，监督过后再恢复生产。治污能力的不达标也影响小企业获得信贷的机会。资金、技术及人才等众多资源条件的不充分，使得小企业把污染治理视为一种非生产性投资，与政府规制形成对抗。偷排、漏排的现象对地方造成的污染损失虽不大，但给社会带来了不良风气。这些小型企业群体建厂选址随意，有些距离居民区很近，他们的污染物排放损害了公众环境权益，污染了生活环境，公众怨声载道，降低了地方政府公信力。

三、利益表达功能受限

这类企业群体属于规模小、成本低的组织，企业内部成员间凝聚力不强，外部企业之间联系不紧密，没有形成强有力的利益群体；它们都忙于各自的生产项目，没有资源，也没有成本能够与地方官僚们建立“人际关系”，在地方政府实现生态市的相关政策决策中没有话语权，没有表达利益诉求的机会。因而很多政策制定都没有考虑小组织的利益得失,有些指标体系的制定没有考虑小组织的承受力和能力范围,都是一个标准,有失公平性。如要求污染企业限期整改,更换新技术设备加大污染物处理能力,这会增加小企业的生产成本。但市场价格是由大中型企业的资源配置能力决定的,小企业只是价格的被动接受者,在市场价格不变的情况下,小企业必然会出现利润减少或亏损。因此,受介入生态市政策的成本—收益约束,小企业必然会选择规避政府环境政策管制。

四、行动策略:“上有政策、下有对策”

(一)“上有政策、下有对策”的内涵

“上有政策、下有对策”经常使用在府际关系中,是一种利益双方的博弈策略。有些学者认为,它是指下级政府不是死板地执行上及政策,而是将上级政策进行“创造性”地灵活运用,在与地方实际情况结合的基础上充分发挥下级自由裁量权的一种方式。有些学者认为,它是“政策变通”的一种形式,这种变通如果不能充分地体现公共性,很可能演化为政策曲解、政策变形。丁煌教授从利益分析的角度将这种政策变通界定为:“由于利益的至上性,在政策的制定与执行之间便出现一个利益‘过滤’机制。于是,上级政策执行过程中的‘灵活性’环节,即政策的具体化、操作性便成了这种机制发挥作用的最佳机会。为了维护本地区的局部乃至个人的自身利益,这些局部区域的执行主体——下级政府官员总是力图修正、变通上级的政策。”[1]本书中的“上有政策、下有对策”指上级政府部门对地方环保部门相关机构在环境保护、污染防治工作方面的监督管理,小型企业群体基于经济利益驱动,有意地与监管部门展开或明或暗的博弈行为。行动策略有四种:一是环保部门履行监管职责,企业被停产整顿;二是企业表面接受政策,但不实现具

① 丁煌:《利益分析:研究政策执行问题的基本方法论原则》,《广东行政学院学报》,2004 年第 3 期。

体化操纵；三是企业继续偷排、违规操作，环保部门不作为；四是环保部门严格执法，查封企业并停产整顿，但企业负责人不积极配合，拖欠罚款迟迟不交，还有些企业上交了一定数额的罚款后继续不改进技术设备，没有节能减排等措施。上述小型企业的行为方式与地方环保部门资源匮乏而疏于监管有着很大相关性。

（二）案例分析：托克托工业园区成"纳污""排污"的温床

托克托工业园区位于呼和浩特市托县境内，聚集着石药、健隆、浙江升华拜克内蒙古分公司、金达威等几十家制药厂。这些企业大多由政府早年招商引资而来，企业把生产过程中产生的水、气、渣三废偷偷排向黄河支流，村中形成一个巨大的"污水湖"，宽度约1.3千米，长度约2.7千米，总面积约合350万平方米，污水湖旁边的树木早已枯死。这些企业的污水处理系统根本不达标。2012年8月，托县政府通过的《托克托工业园区环境综合整治方案》对工业园区内的经过两级处理的污染进行监测，仍没能达到二级污水处理厂的进水要求，但这样的污水平时都直接排放到了庄稼里，农民怨声载道。有些企业害怕农民们闹事，私下给予补偿，排水单位每放一天水会给自己所在的村里4万块钱，这样的污水湖也不止一个。

2011年8月下旬，《中国环境观察》专程来到了托县，对工业园区的污染情况进行走访。污水湖、药品废物垃圾的气味异臭难挡。在走访村民的过程中，记者在当地了解到的一个事实是：媒体一曝光，企业就停产整顿一段时间，等事件平息后继续污水排放。针对这一现象，当地环境监管机构该如何应对？工业园区管委会副主任肖文伟告诉记者："污水处理的问题并不是没办法解决，只是成本太高，当地环保部门表示很无奈，面对一些小型制药企业，他们常常趁夜间偷排、漏排到污水湖。"在采访托克托县委、县政府相关部门时，他们立即组织有关部门、专家召开紧急会议，针对环保工作中存在的问题进行大力度的整治。县长杜延峰说，县里已责令石药中润公司立即停产整改，直到长期稳定达标为止；对园区内所有的涉水企业进行全面深入的检查，发现不能稳定达标排放的立即停产。小型企业面对上级环保部门的督察，经常以停业整顿为应对策略，等检查组走后继续生产排污。为了安抚农民的反抗情绪，企业经常私下走访几家村民并给予一定报酬作为补偿。石药中润制药（内蒙古）有限公司就是以这种行动方式应对上级检查工作的。自2003年以来，石药中润制药正式入驻托克托工业园区后，污水排放不达标且屡次遭居民举报，屡次被责令停产整顿。2014年，中润集团再次被当地居民举报：中润集团的污水排放已经严重污染了居民的生存环境。在外界督促和政府的三令五申之下，《第一财经日报》记者再访集团办公室主任张赫明时，他亲口表示："我们的企业仍然在停产整顿，没有复产，没有什么问题向媒体披露。"但在4月22日晚，记者蹲点考察发现，厂房周围灯火通明，一片繁忙，据工人说一个星期前就开工了。2018年，中央环保督察"回头看"接到群众举报托克托工业园嘉和煤炭物流园污染严重，相关部门已经展开调查。

这些小型污染企业一般都位于乡镇地区，是当初基层政府为了快速摆脱"贫困县、乡的帽子"盲目扩大招商引资，在没有经过严格审核的情况下批准成立的。地方政府以追逐经济利益为己任，出现偏袒、庇护企业行为的现象，甚至与地方环保监管部门发生利益冲突。企业面对环保部门的执法有时不予理睬，不按污染标准交纳罚款，环保部门在经过几次劝说后只能提交法院。但法院在几次强制执行后，企业以亏损经营、负债累累为由还是拖欠着不交罚款。还有些小企业以躲、藏或关门停业的方式与行政执法人员进行周旋。2016年开始的中央环保督察"回头看"行动进入呼和浩特托克托县后，对群众举报的企业违规排放问题下达专项督察任务，在党政同责的问责机制框架下，地方政府开始大力整顿，工业园区污染现状有所改善。

（三）环保部门资源匮乏、职能受限

市级环保部门受上级环保厅直接管辖，对上级环保机构负责，但市级环保部门的经费和人力资源大部分却受限于地方政府管理，这种纵横交叉的管理体制使得环保部门名义上是与地方政府同级的行政机构，实际运行过程人员配合和财政经费都依赖于地方政府。包头市九原区环保局共有5个科室，正式在编人员只有23人（包括执法大队人员），其余十几人为聘用合同制。这些聘用人员有些是相关专业的，有些之前根本没有接触过环境治理、监测等问题，而环保局的工作专业技术性、严密性较强，外行人熟悉工作得需要相当长的一段时间；同时，一些环保相关职能部门附有行政处罚、监察的职责，为了确保执法的公正、公平性，执法人员都是国家公务员，肩负着代表公众行使权力的责任，若是合同雇佣人员，不受《中华人民共和国公务员法》的约束，难以确保政策执行的公平性和有效性。

随着污染源种类的增多，很多地方环保机构需要引进一些先进的监测设备对地方重点污染企业进行实施监控，比如从2018年开始，盟市各地区都开始启用新设备监测空气质量，如可吸入颗粒物（PM10）、细颗粒物（PM2.5）等污染物的排放。呼和浩特市率先引进了新设备可以全天监测空气中二氧化硫、二氧化氮、一氧化碳、臭氧、细颗粒物PM2.5和PM10六项污染物指标，并以月为单位向上级政府通报地区空气质量。购买监测实施设备就需要花费很多部门专项经费，还有日常的行政费用使得环保部门的运转不同于其他职能部门，需要配备大量的经费支持，否则工作难以开展。环保部门为了争取更多的经费资源，有时只能以污染处罚款为生，但我国目前的环境污染处罚款相比其他发达国家都处于比较低的水平，违法成本远远小于治理成本是导致企业肆意破坏生态环境的重要影响因素，这些经费对于环保职能机构只是杯水车薪。

总之，环保部门受资源匮乏和体制约束的影响，监督成本与收益不成比例，导致监管职责有时没有履行到位。这种监管体制缺位给小型企业群体肆意扩大生产、随意排放污染提供了便利条件，使得他们经常以"上有政策、下有对策"的方式应对上级检查。加之，地方政府往往觉得花费大成本来规制这些小企业有些不划算，这样就会继续反向激励企业违规排放，公民群体的基本生活受到严重影响，主体间的利益冲突越来越显性化。最终受损的还是公众利益。

通过上述对不同规模的企业型利益群体在内蒙古生态市建设过程中的行为策略分析后得出：生产规模庞大、产品具有稀缺性的企业有时不仅仅受物质性利益的诱惑，社会声誉、政治地位及公众的拥护也是他们追求的利益目标，但他们追逐价值性利益的动机是复杂的。当环境信息披露制度不健全、环境行政权监督不足、经济性制度激励匮乏时，企业型利益群体倾向于选择与政府官员结盟，俘获更多的地方政府成为企业的利益盟友，为企业在利益群体间竞夺市场资源、获得更大利润收益提供了一种"捷径"。所以在内蒙古生态市建设中，各盟市企业型利益群体想方设法与官员建立"人际关系网"，而一部分地方政府面对各种隐蔽、灵活、利润可观的俘获方式时，出现了利益摇摆。

但是这种以各自私利为基础建立起来的"政商联盟"是不可靠的、脆弱的、分散的；当彼此的利益诱惑不能满足利益双方的需求时，这种联盟随即瓦解，但对精英组织和社会造成的损失却是巨大的。事实上，在一些西方国家，"公司、工会、贸易或成员协会、农业合作组织、合伙企业都得到了建立政治行动委员会并偿付行政成本的授权"①，社会层面还有为企业聘请游说政府的中介机构，它也是改善企业竞争力的重要补充。但我国行政集权、经济分权交织在一起，政府在一些本该让渡出去的领域中仍然充当利益分割者，企业型利益群体为了生存，赢得更好的生存环境是必要的，关键是企业选择行为的动机和方式，应从由寄生性政企关系转向自主性，这样的企业型利益群体才能以合理的方式与精英组织展开平等的利益互动，在遵循市场经济调节杠杆的基础上谋求共同利益的最大化。

小型企业群体的经营特点和资源条件决定了他们的利益目标只是单纯地追逐企业经济利润最大化，一切行为策略都以预期收益大于成本为动力。所以对于生态市建设政策的落实，他们没有能力也不愿意"自己投入、他人得益"，从而面对环保部门履行监管职能时采取变通的方式应对，维持企业运营。当某一个人或组织不按规章约束履行职责谋取额外利润收益时，就会带动其他利益相关者的模仿，破坏原有稳定的利益格局。如果不加以管制，利益相关者间的矛盾、冲突将会不断上演，阻碍内蒙古地区的生态市建设进程。现将三种类型企业的特征总结，如表 5 – 10：

---

① ［美］理查德·雷恩：《政府与企业——比较视角下的美国政治经济体制》，何俊志译，复旦大学出版社，2007 年，第 217 页。

表5－10　内蒙古地区重点工业企业组织的特点

项目＼企业类型	大型企业集团（寡头垄断型）	中型企业集团	小型企业群体
组织性	强	强	弱
行政级别	有	有	无
企业类型	央企	国企、私企	私企
利益表达能力	强	强	弱
利益认知	集团利益与社会声誉双赢	集团利益兼顾社会声誉	企业利益
主要利益渗透方式	政治渗透	利益俘获	无
对政策过程的影响力	强	一般	弱
主要行为策略	政治游说上级机关，利益俘获对环保机构形成压力型体制	中型企业俘获地方政府	与环保机构形成对抗阵营

第六章 内蒙古生态市建设中公众型利益群体的行动策略

环保组织是除政府与企业之外的第三方社会组织，以公共利益为目标从事公益性活动，它代表的是社会公众群体的根本利益。19世纪70年代的美国，随着工业进程的加速，开发者对土地、森林、资源的肆意开发造成了很多自然灾害，促使社会群体环保意识的觉醒。在多党制和统合主义的影响下，社会环保群体形成了资源保护和自然保护两大阵营。20世纪初期，全国性的自然保护运动在美国频频发生，预示着市民社会的逐渐强大。

受传统政治体制的影响，我国的环保组织起步较晚。1978年5月，中国环境科学学会是政府发起的第一家环保机构。1994年"自然之友"的成立开启了环保组织的新浪潮。目前，我国的环保机构数量仍不算多，发展类型主要分为官办型、草根型和半官办型（合作型）。官办型主要指依附于官方机构创办的官方社会组织分支机构；半官方型也称合作型，指在民政部门作为公益性社团组织注册成立的；草根型指在工商管理部门以企业形式注册，但从事环境保护公益性活动的社会团体。不同类型的环保组织由于资源条件、利益认知的不同，在生态市建设中发挥的作用也不尽相同。

第一节 维护公共环境利益下的环保组织行动策略

一、利益认知：公共利益最大化

环保组织是典型的公共利益群体，集团内部成员可以无差别地分享集团利益。集团的行动宗旨就是为实现社会大众的公共环境利益而服务，是一种发动群众、教育群众、鼓励群众保护生态环境的好形式。经过多年的磨炼，环保组织的发展趋势逐渐由官办型转向合作型或草根型；功能由简单的大众宣传转向多元化的专项行动，如保护濒危动植物、河流净化、废水废气污染控制、城市绿化、社区环境保护、资源再循环等众多形式的活动；行动方式也由务虚转向务实，目的在于扩大组织影响力，获得社会大众的认同，呼吁更多的环保人士积极参与，维护公共环境利益。这一利益目标与生态市建设的价值理念相一致。因此，以维护公共环境利益为目标的环保组织的行动方式对实现生态市必将产生积极影响。

二、资源动员

资源动员包括人力资源、物资资源、信息资源和权威资源。人力资源是环保组织扩大影响力的前提条件。面对环保运动形式的多样化、内容的专业化，有些污染事件涉及提取化学原料、有些涉及自然资源保护法，迫切需要专业技术人员的加盟，在一些专业性领域发挥信息收集、信息过滤、信息传递的功能。

物资资源是环保组织行动的基础条件，在大量环保热爱人士加入的基础上，很多企业、个人自愿为环保机构注资，或是通过与政府建立项目合作关系，从而获得相应报酬，促使物资资源的支持逐渐由政府单一供给转向自筹型。

信息资源也是环保组织优胜于其他组织的一个条件，成员构成的民间化、网络化、专业化为环保组织获取及时、准确的信息提供了便利条件，成员可以通过实地走访、取样调查、“网络关系”等多渠道获得可靠信息，支持行为策略的选择。这一资源获取能力也是政府与其合作的重要因素，为政府决策提供宝贵资源，减少交易成本。权威资源是在环保组织拥有一定的公众凝聚力和资源动员力的前提下，才会在与政府、利益群体的博弈中拥有一定的话语权或是影响力。可见，权威资源为环保组织争取公共环境利益提供了强有力的权利支撑。

三、利益激励:提升组织公信力,壮大集团实力

基于公共环境利益目标下的环保组织不断聚集民间力量,吸收专业性高层次环保人士积极参与组织决策,从而与政府机构、企业集团进行博弈互动建言献策。在生态市建设中,环保组织网络化的合作方式为它们参与政策过程提供了资本。生态问题的复杂性、跨区域性、持续性等特征,迫切需要环保组织网络化的行动方式。当遇到重大污染事件时,环保组织可以通过集体联合的方式,对政府和舆论施加影响,从而影响政策走向;环保组织也可以与地方政府形成利益共同体共同规制企业违规行为;环保组织与政府形成积极联盟后,与一切非公共利益主体进行利益博弈,从而提升环境组织公信力,呼吁更多的优秀环保人士主动参与生态市建设,壮大组织实力。

但这一切都需要有健全的制度体系作支撑方可实现,具体表现为:首先,要加快环保组织的管理制度改革,从统治型管控转向培育型管理,为组织成熟发育提供优越的制度环境,提升环保组织的公信度,尤其是环保组织的准入机制,积极鼓励合作型、草根型组织的参与,并为其成立提供优惠策略。其次,完善环保组织的社会监督职能,有效地规范企业行为,企业在违规成本加大的前提下,也逐渐寻求正规化的谋利渠道扩大企业福利。最后,健全民间组织法律管理机制,包括民间组织登记管理的法规体系、组织资金运作管理等自律机制来约束环保组织发展。

四、与政府机构形成良性互动

由于“政府失灵”“志愿失灵”的存在,建立环保组织与政府机构间的良性互动可以实现两者间的优势互补,而共同的利益目标、组织职能及属性是促成两者合作互动的关键要素。

（一）共同的利益目标

“政府合法的行政权是公众通过选举赋予的，理应对公众负责，对其服务。”[①]政府是实现公众利益的代理人，满足社会广大人民的根本利益是政府的主要任务。生态市建设就是惠及老百姓生存、健康，造福子孙后代的发展工程，地方政府作为核心利益主体，应以生态环境利益为决策的根本出发点，把生态利益与经济、政治利益放在同一高度，完善政府合作机制。环保组织的天职就是将碎片化的公众利益诉求进行整合，鼓励公众维护个人合法权利，如知情权、参与权、表达权，要积极参与监督、评估生态市建设工程、项目运行的情况。地方政府与环保组织都是公众利益的代言人，公众群体利益的最大化就是他们的主要使命和核心任务。

（二）基于职能互补的合作型博弈

在公共利益目标的驱动下，职能互补是促成政府机构与环保组织建立互动合作型关系的又一重要因素。环保组织凭借组织联盟及资源动员能力，不断兴起专向性、规模性的大型环保运动，不仅主动参与环境保护与社会建设，而且积极动员内外部资源发挥社会监督职责，避免政府与企业间信息不对称造成的公共资源浪费。环保组织在政府与企业型利益群体的博弈中扮演着协调者、监督者的身份，这也是激励政府与环保组织合作的主要利益因素。

（三）对生态市建设产生的积极效应

由于环保组织与政府间具有共同的价值理念和互补的治理职能，合作才是两者间的最基本关系。生态市建设过程需要多主体的利益互动，尤其是人数最大的那部分弱势群体的行动更应该加以鼓励、引导。环保组织作为公众群体的利益代表，它与政府机构建立良性的利益互动对生态市建设起到积极的推动作用，主要表现为以下三点：

---

① ［美］盖伊·彼得斯：《政府未来的治理模式》，吴爱明等译，中国人民大学出版社，2001年，第125页。

1. 网络式结构提升生态市建设成效

环保组织中不仅成员间可以平等交流信息，决策、执行透明化不易于官僚作风增长，而且网络式的组织结构也节约了生态市建设中的交易费用，如信息收集费用、政策执行监督费用，减少了信息不对称带来的主体间社会福利的损失。在生态市建设过程中，政府的资源、知识、精力是有限的，面对数量众多的目标群体，需要获取较多信息才可以进行决策。从公众群体到政府组织中间不但可能经过多个部门的利益过滤、加大信息收集费用，而且可能导致信息误差和社会福利损失。环保组织的网络式结构可以直接收集到公众的一手利益诉求资料，节省了中间的传输费用，避免利益需求被扭曲，它的信息优势和群众公信力有利于实现公共利益最大化。

2. 为政府与公众对话搭建桥梁

随着社会利益主体的多元化、利益需求的多样化，政府认识到与环保组织发展合作型利益关系在公共服务领域方面大有益处。地方政府与环保组织合作，是为适应市场化、社会化采取的一种职能转变，分权是鼓励多元主体社会治理的策略，通过环保组织运作重组社会资源，推动生态市建设。环保组织为政府与公众间对话搭建桥梁，“当政府官员提供公共服务时，经常需要公关和沟通技巧。当信息和意见广泛分布，越来越超出某个政府的控制时，政府必须学会与公众沟通、劝说公众，环保组织就可以承接这项任务……政府可以从环保组织中受益，环保组织也可以为公众提供一个感情宣泄的场所，从而可以缓和公众潜在的过激行为，维持社会秩序，政府官员在履行政府责任时公众不至于不停地提出要求”①。

3. 有效遏制强势集团的独大

当前生态市建设已由政府单一决策的模式转向多元主体间协同共治模式，其中企业型利益群体的影响力在生态市相关政策决策中已经产生了不均衡现象。为了防止强势集团两极化的发展破坏社会秩序，迫切需要社会

---

① ［美］卡罗·安·特德：《政府与非政府组织之间的关系：可能性与风险》，董培元译，《国家行政学院学报》，2000 年第 5 期。

群体力量的壮大,环保组织的成熟发展就是推动生态市建设中利益主体有序理性竞争,维护不同社会阶层的利益表达和基本权益。任何一方势力的独大都会阻碍生态市的建设,逐步在生态市建设中建立平等、多维的政府、市场、环保组织的互动结构,形成彼此间的利益制衡格局,相互监督、相互补充,才能实现共同利益和社会福利的有效增进。

五、与非公共利益代表者形成竞争性利益关系

这里的非公共利益代表者主要指强势利益群体及出现利益摇摆的地方政府组织。受有限理性经济人及相关政治制度、社会环境不健全的影响,公共利益常常受个人私利、部门利益等局部利益的侵蚀。此时,基于维护公共环境利益的环保组织将采取竞争性策略与非公共利益代表者进行博弈,利益主体间的关系由先前的合作型转向竞争型。

采取竞争性策略的环保组织一般多为草根型。草根型环保组织由民间力量自发组织成立,范围广、人员多,利益目标就是整合碎片化的公众群体利益表达,实现公众基本利益诉求。它们与政府行政部门的关系不密切,决策过程不受政府限制,它们常通过新媒体等手段进行环境宣传、环境教育,迅速壮大自身队伍建设,吸纳广泛优秀人士自愿加入,它们敢于涉入重大利益冲突的环境问题。例如,2004 年 7 月正式注册成立的"内蒙古草原环境保护促进会",简称为"天堂草原",是自筹资金创办的非营利性民间环保组织,主要从事生态环境保护的宣传及有利于草原环境保护的其他具体工作。还有比较有名的"阿拉善生态协会",它是由来自全国各地的生态环保企业家自愿出资成立的公益性和非营利性社团组织。阿拉善生态协会章程规定,凡在成立协会时出资在十万元以上的人或组织可以取得一年的理事资格,当前阿拉善生态协会共吸纳了企业将近一百家,是内蒙古地区最大的草根型环保组织。它成立的初衷是想改善内蒙古阿拉善腾格里沙漠月亮湖的生态环境。

草根型环保组织的活动不仅限于监督、举报污染企业情况及举办环保

教育、宣传类公益活动等形式，还将活动空间深入到农村落后地区，进行基层环境知识、环境保护的培训、组织、动员，让老百姓能够及时认识周边的环境问题。例如，在云南怒江水电站开发中，环保组织就是通过这种整合底层群体利益的途径，积极鼓励公众通过平等对话的方式与政府、企业、媒体等专业人士进行沟通、谈判，提供制度化的利益表达渠道，将那些利益冲突的街头集体事件演化为平等的对话、谈判与协商方式，这样也可以避免农民被无知所蒙蔽，减少不必要的损失，影响社会和谐发展。

（一）与“企业化政府”企业型利益群体间的竞争性互动

草根型环保组织常常作为维护环境利益冲突的先锋队，组织的临时性、自发性使得他们经常走在环境问题的前面。他们的行为策略就是与那些将个人或组织利益凌驾于公共利益之上的“企业化政府”和污染企业进行对抗，主要策略分为两种：一是与那些企业型利益群体形成对抗阵营，希望通过新媒体揭露污染事件，造成社会舆论压力，唤起政府机关的联合行动，从而达到行动目标。这时就需要借助社会公众力量的监督职能，通过为公众传授环保知识、环境技能，对简单污染事件的记录、调查等手段，调动广大弱势群体的自我保护能力，使得他们了解事实真相，敢于与当地政府机构谈判、协商，主动争取个人基本权益，由此引起地方政府的共鸣，实现共同维护利益的行动。二是与部分地方政府形成竞争性利益关系。环保组织与地方政府的竞争关系主要指，草根型环保组织不是消极地局限于自己的活动空间内，而是要积极尝试扩大自己的边界范围。当政府机构出现局部利益倾向时，其手中的公权力就成为政府谋取私利的工具，此时环保组织就会与地方政府形成竞争性利益关系，维护公民主体利益。

竞争主要指对社会资源和经济资源的竞争。社会资源的利益竞争主要指对社会权力，即对生态环境治理权力的竞争。生态环境公共物品的属性和社会治理多元化的趋势，使得环保组织可以根据自己的特点为社会成员提供更好的生活环境，在这方面环保组织有选择地进入生态市建设的过程中，政府就要适当地退出对一些项目和行动的管制，当然也会损失一些收益。当一些政府机构不甘愿牺牲自身利益而成全公共利益时，就会与环保组织形成竞争性利益关系。对经济资源的竞争主要指对财政资源的竞争。环保组织的资金来源除依靠个人、组织自愿捐助外，就是依靠财政税收。当政府利用企业化的绩效标准来衡量自身发展能力时，政府机构常常会将行政权力转化为行政特权，在与环保组织合作的一些项目、工程上分割公共利益，当这些项目由于缺乏效率而引起公众不满时，政府把资源转向更有效率的组织。但是处于这种行为策略下的环保组织需具备足够的实力，可以与"企业化地方"政府在某些生态建设项目上形成竞争关系，利用舆论压力影响政府决策，保障生态市建设效率。

（二）案例分析：环保组织公开与央企的"对话"博弈

内蒙古地区凭借着充足的资源储备吸引了许多央企、国企来投资开发大项目，掠夺式地开采和肆无忌惮的环境破坏是这些项目的共性。位于内蒙古锡林浩特市多伦县大唐国际电力发展股份有限公司下属的三级子公司——大唐内蒙古多伦煤化工有限责任公司（简称多伦煤化工），由于工业污染物排放引起了滦河和周围的水、大气环境严重污染，农民们怨声载道。这一情况引起了天津市民间环保机构——未来绿色青年领袖协会（也称绿领）的关注。滦河属于津京唐重要的饮水渠道，它的上游就在内蒙古多伦县，多伦煤化工使得当地的河流、草原植被都遭到了严重污染，政府机构对这种企业排污行为如何监管成了引发外界质疑的焦点。2012 年 7 月，绿领的志愿者们赶到多伦县，想通过实地考察探明原因。起初，绿领先找到当地环保局、政府宣传部，想通过他们寻求一些关于大唐煤化工建设前的环评报告、污染物排放监测数据及滦河水质监测数据。当地政府回应表明：大唐煤化工是央企，属环保部或内蒙古环保厅管辖，他们没有资格更没有权力监管。之后，志愿者只能进行实地取样、调研。当他们来到工厂的排污出口，刺鼻、恶心的气味根本让人无法靠近，排污渠的泥沙全被染成黑色，志愿者立即取样带回化验。一位村民告诉大家，工厂的灰尘使得大家呼吸困难，庄稼地里都被灰尘笼罩着。

样水进行化验后，对比环保部关于《地表水环境质量标准（GB 3838－2002）》中关于化学需氧量、生化需氧量及石油类三项指标的要求后发现：大唐煤化工的排污口水质属于劣五类，其中汞金属、铅金属等有毒性金属分别属于四类水和三类水。这些废水直接排到多伦县附近的河流中，之后流经滦河，水环境质量同样面临着威胁。绿领把这些有力的数据通过新浪微博发出后，大唐煤化工负责人第一时间找到志愿者说明数据有误，希望能够再次实地考察取样，并删除微博信息。这是环保组织与大唐煤化工的第一次"对话"。

2012年9月15日，未来绿色青年领袖协会、达尔问自然求知社、中国上市公司环境责任调查组委会的负责人一起来到了大唐煤化工进行再次实地考察。这次与上回不同，工厂负责人热情地接待了志愿者，并参观了环境管理内部设备，对过去工厂的污水处理能力不足进行解释，而现在马上建成的新废水处理厂可以保证废水已经清澈了；对于废气浓度的处理，依据环保部要求，正在加高T8塔尾气排放烟筒，可以稀释硫化氢的浓度，减少对周边村庄的污染，保证在今后的工作中积极配合生态市建设。

之后，达尔问自然求知社的负责人赫晓霞博士又来到多伦县考察，经过走访意外地发现大唐煤化工的堆渣场。赫晓霞博士的原话是："在我走访堆渣场的路上，看见一路上运送废渣汽车后面扑腾着大量黑色的粉煤灰，现场更是难以想象，大量废渣、废水混合物直接倒在没有任何防护措施的草原和沙地上，我很难把现场和一个负责任的央企联系在一起，但事实就是这样……"①随后，达尔问自然求知社在10月30日私下致信大唐发电，希望对此事能够得到有效答复和处理，在第二次环保组织公开与大唐煤化工的"对话"中，大唐煤化工选择不作为。

五家环保机构——达尔问自然求知社、未来绿色青年领袖协会、自然大学、中国上市公司环境责任调查组委会、北京市丰台区源头爱好者环境研究所，在2012年11月14日公开在微博上转发，要求大唐多伦煤化工对堆渣场、废水排放污染滦河事件在10个工作日内给予答复。微博上的很多国际、

---

① 绿领：《5家环保组织尝试与央企大唐"对话"——"美丽内蒙"该如何保护?》，《中国发展简报》，2012年11月21日。

国内环保人士积极转发近2000次，提出“美丽中国，从央企开始”的行动口号。很多民间环保社团的发起人对大唐多伦县煤化工事件都发表了自己的观点，认为作为国家重要的工业型企业，应是环保先锋，不应在物质利益的驱动下无度地消耗资源、毁坏环境，给美丽中国抹黑。一些志愿者还提出如果大唐多伦县化工现在还没有觉醒，他们将联合众多环保人士，广泛调查大唐国际下属的所有企业的环境表现，曝光更多的事实让大唐国际清醒，但不知大唐是否经得住公众的剖析。还有自然之友前总干事、现任理事李波评论：希望有机会听到持有大唐股票的股民和股东朋友们的意见表达，不要让污染影响下一代。[①] 作为上市公司环境保护是其基本责任和义务，及时公开环境信息防止国家和公众的利益受到侵害。

五家环保机构联名撰写公开信的积极行为唤起了政府的支持，地方政府迅速与其形成利益互动，大唐国际迫于政府管制和外部环保组织的压力，不得不在规定期限内给予公众解释和承诺。如果想平息这场没有硝烟的利益冲突，大唐内蒙古多伦县煤化工必须转变生产方式，严格检测排污口的废水、废渣情况，履行企业环境责任，重新赢得公众的信任，这样才能提升企业形象。否则，“美丽中国”只能是一句空话。可见，当前的草根型环保组织已经可以利用技术数据，通过新媒体等手段来唤起社会群体的广泛关注，给政府和企业造成一定舆论压力，而维护公共利益。这次行动充分说明了，环保组织在物质资源动员、政治过程博弈和社会行动能力上正在走向成熟，在健全的制度环境下，逐步壮大组织实力，与政府、企业型利益群体形成平等协商的对话。

---

① 参见绿领：《5家环保组织尝试与央企大唐“对话”——“美丽内蒙”该如何保护?》，《中国发展简报》，2012年11月21日。

第二节　组织利益驱动下环保组织与地方政府结成消极联盟

一、利益目标:组织自身利益优于公共利益

就当前西方的现实来看,参与和承担公共事务的“社会部门”越来越依赖于政府,甚至通过交易在政府部门安置代理人,争取拨款最大化,官方化或半官方化的程度越来越强。[①] 事实上,在合作主义模式下,个人或组织都不能完全独立、自由组织起来,而是被一个有明确层级关系、非竞争性、数量有限的组织所管制。“它得到国家的认可(如果不是由国家建立的话),并被授权给予本领域内的绝对代表地位。作为交换条件,它们在利益表达、领袖选择、组织支持等方面,受到国家的控制。”[②]我国的环保组织也不例外。20世纪末,我国的环保组织主要以自上而下的合作型为主,由政府行政机构出钱资助,民间组织招募成员组织建立的非营利性机构,机构的日常事务决策权、执行权由机构自身决定。当面对某些大规模污染事件时,环境组织常会表现出尴尬或选择性失语,“柔性有余而刚性不足的行动策略和目标诉求往往使它们因为以政府对权力和利益的选择”[③]为中心而选择性失语。环保组织与政府的利益联合本来是一件积极的生态市治理策略,但限于我国目前的社会环境、政府管理体制束缚,在有些领域政府没有从根本上放权,环保组织自治能力有限,组织要生存才能有发展。因此,当面临“合法性危机”时,组织自身利益最大化成为环保组织生存的基本要求。

---

① 参见胡鞍钢、王绍光、周建明主编:《国家制度建设》,清华大学出版社,2003 年,第 60 页。

② 张静:《合作主义》,中国社会科学出版社,2005 年,第 24 页。

③ 何平立、沈瑞英:《资源、体制与行动:当前中国环境保护社会运动析论》,《上海大学学报》,2012 年第 1 期。

二、资源依赖

环保组织与地方政府结成合作联盟，不是单单的良性互动，还有一部分是出于私利的交换。由于政府的绝对优势与环保组织缺乏自治性，二者间没有建立起平等的合作关系，使得环保组织遇到转型迷茫和策略困境的尴尬处境，环保组织被迫与地方政府结成消极联盟。资源依赖就是促使环保组织出现利益摇摆的又一重要因素。

（一）资金需求

首先环保组织由于资金短缺，缺少专业性技术人员的支持，组织能力匮乏，在监督污染企业违规行为和应对突发环境群体事件时，常常出现社会公信力低下、行动反应滞后、机构内部暗箱操作等现象。生态市建设本身就是一项监督与激励并存的政策工程，政府存在精力有限、监督成本高昂、信息不对称的困境，需要环保组织积极发挥环境利益监督员的身份，对污染企业进行跟踪、调查、暗访。其次，面对违规企业，环保组织需借助网络、QQ、邮箱等新媒体积极调动全社会力量，形成大规模的社会舆论，共同披露、制止污染事件的发生或恶化；环保组织还需要不断壮大自己的实力，通过吸纳新型成员优化组织决策、机构执行方式，这一系列过程都需要有强大的资金支持作后盾。成立最早的环保组织自然之友现在发展滞后，部分原因就是由于组织者变更，号召力、组织能力下降，使得一些之前的志愿者不愿再追随社团发展，转向其他的环保组织，致使自然之友现在需借助其他有实力的社团，给予项目支持。例如，阿拉善生态协会出资60万元给予自然之友项目性援助，但对项目任务的每一阶段都制定了比较详细的规划，限制了自然之友许多行为策略的选择，双方的合作不太乐观。可见，资金支持是一个环保组织生存和发展的前提保障。

（二）专业技术人员需求

缺乏专业性技术人才，使得应对重大环境污染事件时，不能及时、准确地跟踪、披露污染项目的危害程度。由于环保组织的非营利性，因而职工成员的待遇微薄,多以自愿型加入为主、流动性大;环保建设中很多细节工作不仅需要专门的技术人员进行分析、甄别、监测,用定性数据来分析,这些知识对于那些“转行”加入的志愿者来说很迷茫,而且有些涉及范围广、影响大的事件可能要跟踪、调查几年,流动性的人员无法深入获取信息资源。虽然环保组织是公益性组织,不以营利为目的,但维持成员的基本工资待遇是志愿者加入的基本利益诉求,对成绩显著者也要进行一定的奖励。只有具备上面提到的这些要素,环保组织才可以积极发展、不断壮大,唯一、快捷的方式就是与掌握公共政策资源的地方政府形成利益交换联盟,各取所需。

三、利益激励:化解环保组织“合法性困境”

世界上对非营利组织登记管理的制度安排有两种:一种是预防制,另一种是追惩制。[①] 预防制就是在公众主动成立非营利组织前,需要经过政府主管部门的同意,提出申请等待批准后才可获得合法性。追惩制属于事后管制,申请时只需在政府机构备案,一经成立,组织的某些不当行为将受到政府的惩罚、禁止,甚至解散。我国的非营利性组织的成立基本上属于预防制。《社会组织登记管理条例》《基金会管理条例》和《民办非企业单位登记管理暂行条例》中规定:“全国性的非营利组织,在两个以上省、自治区、直辖市开展活动的非营利组织,其登记管理机关应当是国务院民政部门,相应地,其业务主管单位应当是中央一级的党政机关,以及中央人民政府授权的机构;地方性的非营利组织,由所在地人民政府的登记管理机关负责登记管理,相应地,其业务主管单位应当是所在地党政机关,以及同级人民政府授权的机构;地方性的跨行政区域的非营利组织,由所跨行政区域的共同上一级人民政府的登记管理机关负责登记管理,相应地,其业务主管单位应当是所跨行政区域的共同上一级党政机关,以及同级人民政府授权的机构。”[②]这

---

① 参见李龙、夏立安:《论结社自由权》,《法学》,1997 年第 12 期。

② 王名:《非营利组织管理概论》,中国人民大学出版社,2002 年,第 50 页。

种登记管理、业务主管双重管理体制抬高了环保组织准入的门槛,限制了很多草根型环保组织的进入,若没有行政主管单位挂靠,需向工商管理部门申请办理。这样既没有体现出非营利组织与企业的区别,而且沉重的赋税加重了机构的运作成本。这种政治体制下产生的环保组织只有成为相关行政部门的附属品,才可获得进入资格、资金支持、人才储备和社会公信力的提升。有研究者指出,中国民间集体行动面临的最大障碍,不是"资源的困境",而是"合法性的困境"。[①] 所以获得准入资格才也是激励环保组织采取行动的又一重要利益诉求。

事实上,环保组织与地方政府结盟本质上是一种利益交换,地方政府为其提供物质性利益,环保组织成为政府利益的代言人,为政府赢得民众支持获得先机。利益交换的结果就是当政府利益与公共利益一致时,这种利益结合是良性互补,从而推进生态市建设进程;反之,当政府、环保组织出现利益摇摆时,这种利益结合就演变成一种利益交换,环保组织获得了"合法性"准入资格,地方政府满足了自身利益。环保组织与政府间的这一特殊依附性关系,使得环保组织在面对某些大型污染事件时出现策略困境,表现出不作为或反应滞后,甚至成为寻租、腐败的工具。因此,环保资金流动不透明、环保事件曝光不彻底、环保行动不积极等现象,使得公众对环保组织机构的运作产生怀疑。环保组织出现利益摇摆,根源在于组织的"合法性"依赖于地方政府的支持。

四、环保组织出现策略困境:以某市工业园区污染居民生活为例

综观这几年发生的环境污染事件曝光,都以公众自发的群体性事件为主导力量,而正式官办型或合作型环保组织的行动却呈现"休眠状态"。此种情形是公众维权意识的觉醒还是社会需求导向而主动做出的调整呢?这些都不是本质原因,根源在于环保组织把组织利益凌驾于公共利益之上。

---

① 应星:《大河移民上访的故事》,上海三联书店,2001年,第25页。

组织的基本任务就是要先给成员发工资再去做事情，限于资金困难不能只一味等待政府支援，还需要与相关部门，如内蒙古水利局、环保局、林业厅等机构建立合作项目，获得稳定资金支持。组织生存得先要获得政府信任，获得实力后才可以展开环保运动，这就限制了环保组织的行动策略选择。

公众群体性事件也不是一触即发的，也是与利益群体或地方政府的矛盾激化后才发起的。笔者在内蒙古某市的一些小乡村走访，发现某些乡村已经成为"污水城"，大量恶性的化学药品或重金属在地上、地下随意排放，污染了农田、地下水，威胁村民的生命健康。在走访某县一位40多岁的村民时他说："这个味就是我们这里的气味，里边含有大量的青链霉素类的成分，你要是往厂区里边走，比这更厉害，闻上一会儿，直接就会休克过去。"

"为何不去相关部门举报、反映情况？"

一个路过的老大爷回应道："不用反映都知道，就这么大个地儿，谁不知道啥情况，领导自家也被污染了呢……"

还有一位工业园区的年轻小伙儿说："县政府都来过，环保局也来过，来了就停产几天，没几天又恢复了，工厂建成初期没有配置污染处理渠道和设备，现在事后想治，成本大了去了……"

笔者去过几次后发现，政府也在管制，现在污水基本上不从庄稼地里走了，但地下水、黄河水都处于岌岌可危的状态。村民的基本利益与企业间的利益冲突正在扩大化，如果长此以往，农民们怨声载道，用不了多久，小孩、老人出现了身体衰退的反应，病人多了，甚至出了人命，群体性事件必然爆发。

这一案例说明两个事实：一是公众群体性事件的爆发是在环保组织"休眠"、无奈，政府相关职能部门监管手段不健全的情况下产生的。二是官民互动渠道不畅通，环保部门地位尴尬，行动策略不仅有环境利益诉求，也夹杂着污染治理中面临的很多复杂问题。生态市建设中出现的水污染、大气污染、重金属中毒等问题，直接与公众生存环境有关。公众群体以环境运动的形式维护基本权益，积极、快速动员大量其他公众参与到一个事件中。他们通过群体示威、游行形成大规模社会舆论压力，促使环保组织与政府不得不与之互动,并在媒体、网络等形式下做出承诺。

环保组织对群体事件的看法不一。他们认为:首先,公众群体事件本质上是解决了“不再污染我家后院”的情况,但没有制止污染事件在其他地区频繁上演的形式。其次,环境运动不是解决污染事件所提倡的方法,环保组织不主动参与进去,一方面是出于地方政府利益的考虑,需要经过相关部门和技术专家周密商榷后才可做出决策;另一方面,如果没有经过周密考虑而主动参与进去,再被一些意图不轨的人利用,可能会演化为大规模的恶性事件或小部分人的不法行为,那样环保组织的命运就遭遇劫难了。很多人都希望环保组织能够事前参与或是事后在场,即使不主导也行。环保组织的策略窘境与我国的政府体制、环保组织的自治能力及社会环境有着密切联系。很多环保人士对环保组织与地方政府结盟的看法也不一致、褒贬各异。郇庆治教授认为:“环保组织对于正出现的‘政治机会环境’‘似乎既不太确信’‘也没有做好相应的心理上的准备’。也就是说,环保组织对宏观环境的变化判断失误,没有抓住有利机会,进而受到媒体和社会的责难,自己也遇到了‘转型迷茫’‘策略窘境’和‘合作困境’。”①

2010年“自然之友”理事梁晓燕在接受南方都市报采访时指出:“有人说自然之友应当直接奔赴环保第一线。但当前,自然之友确实是缺乏这方面的机动能力,目前所有人力全部在项目上。我们发现组织需要专业能力的人,以自然之友现在的工资水平根本招不过来。不带项目没有工资,带着项目就有项目执行的压力,所以机动的事情只能兼顾。自然之友需要筹非限定的钱,但目前公益筹资基本上是以项目为依托,没有余力回应突发事件。所以冲在前面的,只能是一些灵活机动的组织。”②所以我们今天看到的一些环保群体性事件中,往往是草根型的临时公众组织,它可以避免受组织项目的束缚,临时性的网络组织也能起到很好的效果。环保组织多年的坚持和努力还是很有成效的,很多事情的改变是需要之前的点点滴滴积累的。

---

① 霍伟亚:《环保组织的生存逻辑遇到挑战——兼与郇庆治教授商榷》,《南京工业大学学报》(社会科学版),2012年第4期。

② 张传文:《自然之友的“转型迷茫”》,《南方都市报》,2010年10月17日。

吕植教授认为:“环保组织在水到渠成之后才能爆发出这么大的能量,对话题还是有选择的。这些东西就像真理在少数人手里一样,可能要经过多少年之后才能激发出这么大的能力出来。”①

总之,环保组织如何在组织生存利益与公共环境利益间权衡,是影响环保组织行动策略的关键因素。合作型与草根型环保群体是今后我国环保事业的先锋力量,无论哪种都需要政府相关职能机构的大力配合,相互间形成优势互补,共同协调发展。同时,政府要树立正确的环境利益认知观,遏制一切以物质交换为目的的行为发生。一些“宁愿呛死也不愿饿死”的短期利益想法,虽然挣到了经济利益,但有些却以农民生命为代价,以子孙后代的生存环境为代价。生态市建设是惠及民生的公共政策,监督与激励环保组织发挥好的功效成为实现生态市的主导力量之一;倡导长远利益、公共利益的价值理念,才是生态市建设的主要利益诉求,任何一方势力的不均衡发展都会损害其他主体的利益诉求,偏离公共利益的行为一定处于一种无序的恶性竞争状态。

第三节　碎片化的公众群体行动策略

公众群体参与生态市建设最主要的目标就是利益表达,通过利益表达来维护、实现自身基本权益。公众群体作为生态市建设中人数最多、范围最广的利益主体,他们的利益需求是不可忽视的。公众群体一般以听证会、座谈会和调研咨询的形式表达意愿,这也是区别于政府治理和市场化模式之外的第三种生态治理模式,它强调成员间的平等、协商对话。随着社会结构多元化、事务多样化,维护公众权利逐渐被提升到政府治理的高度,那种限制性的参与权利已经不能满足公众群体的利益诉求。他们借助社会舆论或上访,对地方政府组织或企业型利益群体产生舆论压力,最终影响政策产出。例如,某制药厂由于建在居民区,污水处理不达标影响居民生活用水,

---

① 吕植、霍伟亚:《环保组织的生存环境变了》,《青年环境评论》,2011 年第 2 期。

他们通过上访、给政府施压、造成社会舆论等形式呼吁政府对他们关注和重视,要求对排污企业进行严格规制。

公众参与的形式是好的,它是社会发展到一定程度政府管理体制健全、制度环境良好的客观环境下的一种产物,形成公众参与方式的制度化、正规化,目的就是通过利益表达维护公民基本权益。生态市建设不是政府单方面的意志行为所能完成的,需要多方利益主体的平等参与、建言献策,通过利益表达满足自身合法权益,实现利益格局的均衡化,避免利益矛盾、冲突的激化。现代公众参与模式已由传统的政府传达、公众被动参与,转变为具有专业知识、技能的主动利益表达模式,在政策议程制定前、执行中、评估中都拥有话语权。虽然过程比之前政府单方面意志表达复杂化,但可以尽量减少政策过程中的利益分配失衡、利益冲突的发生,影响政策决策方向,避免决策失误导致的严重后果。

一、基于维护公众利益目标下的公众群体行动策略

以维护全体公众利益为价值理念的公众群体一般都拥有积极的维权意识,不是任人摆布的旁观者。他们把生态市建设看作维护、实现个人利益诉求的途径,合作是他们参与生态市治理的最佳手段。这种合作的前提是介入政策的个人利益诉求与公共环境利益诉求存在一致性,资源交换是公民实现自身利益的主要方式,利益表达、环境法规及相互信任为实现主体间的合作联盟提供制度保障,各主体间共同利益的最大化是合作的最终目标。公众利益群体在这种合作型政策中发挥着枢纽作用,主要表现为公众群体与政府合作、公众群体与企业合作两方面,从而影响地方政府、企业型利益群体的行为策略,形成生态市建设的多元化利益格局。

(一)利益驱动:维护公众群体/个人基本权益

利益是人类社会活动的基本原则,而利益驱动是支配利益主体行为的主要动力。哈贝马斯说:“利益驱动的问题是要说明,在一个利益分化的社

会里，利益的问题是激发人们行为的直接或间接的源泉。”①所以公众群体作为理性经济人，同样也是受个人利益驱动的利益主体。

生态市建设中公众群体的利益驱动主要受现代公民意识的影响，要维护个人基本权益，实现个人利益最大化；生态市建设的目标是实现全体公众环境、社会、经济利益的共同发展，但公众个人利益与生态市建设的政策目标不总是一致的。公众群体由于组织分散化、集体行动能力差，有些人常常把生态市建设看作事不关己的他人利益互动，只有当危害到自身生存环境时，才会与侵犯公共利益的行为进行对抗，有时甚至与政府代言人或利益群体进行物质性利益交互而息事宁人；还有一些公众以维护全体公众权益即代际公平为利益驱动，开始介入政策执行过程，与非公共利益组织进行博弈来维护公众权益。例如，社会群体的上访、游行、与利益群体交涉，代表性事件有怒江水电站事件、北京六里屯垃圾焚烧事件、厦门 PX 项目事件等。可见，正确的利益认知是支配公众群体采取行动的前提条件。

(二)资源条件:公众舆论影响力

资源是存在于一定社会环境中，能够满足主体需要的物质和非物质财富。利益的实现有赖于对资源的竞逐。② 公众群体的资源条件可分为内部资源和外部资源两种:内部资源主要指集体行动的内部动员力量，通过相关利益驱动，号召更多具有相同利益的个人参与到集体利益的表达过程中，不断壮大公众群体的声势和影响力；外部资源主要指新闻媒体、政府组织及其领导人，公众群体将注意力集中于外部资源，目的是想通过外部资源的影响力满足他们的利益诉求。这些资源条件不是公众群体与生俱来的，需要通过政府构建合理的制度体系，动员社会大众形成集体合力，从而影响环境政策的走向。资源条件为公众群体形成声势浩大的集体行动提供了客观的物质基础。

① ［德］哈贝马斯:《公共领域的结构转型》，曹卫东译，学林出版社，1989 年，第 46 页。
② 参见李景鹏:《当代中国社会利益结构的变化与政治发展》，《天津社会科学》，1994 年第 3 期。

（三）利益激励：完善公民参与制度维护自身基本权益

生态市建设作为政府的一项惠民事务，公众群体在其中扮演重要角色。例如，国家生态市考核体系中要求地区经济、社会、环境发展指标，都达到国家生态市考核标准，为此需要制定若干针对性政策以辅助生态市建设工程。例如，草原生态治理、防治大气污染、缩减污水排放，以及提升城市绿化覆盖率等措施，都与公众群体的生存环境息息相关。所以构建公众参与机制有助于生态市建设的有效执行，"目标群体对政策顺从和接受的程度是影响政策能否有效执行的关键性因素之一"①。也就是说，健全的公民参与制度可以激励公民群体与地方政府形成互惠合作的利益关系，共同为生态市建设发挥积极作用。

（四）基于平等利益互换下的互惠合作

公共环境利益驱动下的公众群体，在个人基本权益得到维护的情况下，他们愿意做顺民与政府形成友好型合作关系，在相互合作中实现共同利益的最大化。此时，公众利益诉求与政府公共利益诉求相融合，激励他们采取合作型策略的动力来自于合作收益大于反抗成本，即维护代际公平为子孙后代造福。事实上，碎片化的公众不愿意作一个与政府组织对峙的"刁民"群体，他们心灵深处期望通过合作策略来实现公平的利益交换，如产权"换"就业、土地"换"保障等一系列以等价交换为目标的利益盟约。政府往往借助公众舆论的力量来制衡强势企业的违规行为，当然，这时的公众群体必须具备这种影响力，才可以作为地方政府制衡企业的一把利剑。地方政府与一些企业达成某种利益盟约后，一些具备行政级别的企业仗着有上级政府作后台，有时会出现大量超标排放行为，损害公众环境利益。地方政府就可以通过公众舆论的势力曝光一部分违规事件，警示利益群体不能违背合作盟约规定。这时，作为某些企业保护伞的一些上级政府一般也不会违背民意，而公然出面维护企业私利。公众动员内外部资源的能力就是与政府进行利益交换的筹码。由此，政府实现了行政权威的维护，提升社会公信力；

① 陈振明：《政策科学》，中国人民大学出版社，1999年，第318页。

公众也保护了自身环境利益不受侵犯，为子孙后代造福。在公众群体与企业合作中，在违规成本巨大的压力下，企业也会重新考虑自身行为，改变生产模式，由粗放型转为环保型，由此赢得“良好社会声誉”，得到更多公众的支持和信任，从而提升企业产品竞争力，获取更多经济利润，改变了私利与公利对立的局面。但是这一切协同共治的局面都需要政府提供健全的制度保障，让公众、企业、环保组织都自愿地认同公共环境利益的得失与个人利益、组织利益息息相关。良好的制度构建才是推动公共利益与局部利益由分利走向协同的重要因素。

（五）生态移民政策执行中政府与公众群体的合作策略

合作才是生态市建设的治理之道，才是避免出现囚徒困境的重要手段，也是维护公众权益的主要方式。下面以内蒙古鄂尔多斯市的生态移民补偿政策为例，分析农牧民与地方政府的合作过程。

在内蒙古生态市建设过程中，草原恢复是一项重要工程。它不仅可以恢复植被、提高绿化率、进化空气质量，还可以治理京津风沙源，改善周边地区的生态环境。自“十二五”规划以来，内蒙古各盟市相继颁布了一系列政策措施来保障草原恢复工程的落实，主要以禁牧、休牧、划区轮牧、草畜平衡和生态移民政策为主。这些政策的执行过程都涉及农牧民的切身利益。草原是他们的生计来源，如果相关的保障性政策可以实现农牧民的基本生存权益，公众利益得到保障，他们必然会积极配合执行政策、落实生态市政策目标；反之，若损害或牺牲了农牧民的根本利益，他们将会阻滞政策执行。鄂尔多斯市在实施禁牧、休牧和生态移民等草原生态保护工程中，制定了一系列保障性措施来安置失地农牧民。例如，“四个一配套工程：一套住房、一份工作、一份社保、一份补贴”《杭锦旗草原生态保护补助奖励政策实施方案》，提高农牧民参与草原生态保护的积极性。

鄂尔多斯市从2007年开始试点生态移民，2008年、2009年又分别出台了《鄂尔多斯市人民政府关于进一步加快农村牧区人口转移的指导意见》（鄂府发〔2008〕43号文件）、《鄂尔多斯市人民政府关于进一步加快农村牧区人口转移的补充意见》（鄂府发〔2009〕24号文件）。这两个意见从产权制度、就业制度、社会保障制度、教育制度和住房制度等方面保障并维护失地农牧民的合法权益。在生态移民政策执行过程中以农牧民自发转移和政府引导转移两种方式为主。第一阶段是2001—2005年,主要是以农牧民自发转移为主;第二阶段是从2006年开始至今,主要以政府引导和农牧民自发转移相结合进行。政府引导主要是鄂尔多斯市实施的生态自然恢复区移民工程。在2000—2011年,全市共转移农牧民41.2万人,区域范围涉及全市8个旗区和康巴什新区。面对规模这么庞大的生态移民,地方政府制定了一系列配套方案,主要分为三类:一是为失地农牧民设立养老保险。在2010年6月17日发布的《鄂尔多斯市新型农村牧区社会养老保险试点实施办法》(鄂府发〔2010〕34号)和《鄂尔多斯市人民政府关于对鄂尔多斯市农村牧区养老保险暂行办法的补充通知》(鄂府发〔2010〕32号)中规定:"首先,2008年1月1日后主动放弃土地和草牧场承包经营权的试点地区和非试点地区的农牧民纳入全市农村牧区养老保险政策体系管理。新增年满60周岁领取养老金人员按每人每月450元领取养老金。其中,试点地区260元由新型农村牧区养老保险基金支付,190元由地方财政补助;非试点地区全部从统筹基金中支付。其次,从2011年起设5年过渡期,政府为过渡期内满55周岁的主动放弃土地和草牧场承包经营权的女性农牧民,分别代缴1年至5年养老保险费,待其满60周岁,并缴费满15年再按规定领取养老金。"

这一政策的实施,首先,为失地农牧民解决了生存之忧,保障了他们的基本生存权益。其次,为转移农牧民提供就业安置,就业渠道从第一产业转移到第二、第三产业中,例如,餐饮、汽车驾驶维修、挖掘机驾驶维修、计算机操作等行业,繁荣了当地工业经济,形成城市的"拉动效应",还为一些人提供创业机会。最后,地方政府对那些休牧、禁牧地区的农牧民实施政策补贴。2010年3月31日,鄂尔多斯市政府发布的《全市休牧草原补贴实施方案》中规定:"从2001年,全市以每年不低于5000万元的市旗两级财政投入对杭锦旗、乌审旗、鄂托克旗、鄂托克前旗四个牧业旗休牧草原实施补贴政策。享受休牧草原补贴面积4194.5万亩,补贴资金5578.5万元;同时,根据《内蒙古自治区人民政府关于促进牧民增加收入的实施意见》(〔2010〕1号)

文件精神,2011 年鄂尔多斯市下达阶段性禁牧任务 500 万亩,总补贴资金 2500 万元;其中自治区承担 750 万元,市旗配套 1750 万元;该市正在抓紧制定实施方案,审核上报,坚持行政一把手是第一责任人,分管领导是主要责任人,各级主管部门领导是直接责任人,监督补贴资金的发放过程,确保资金安全,专款专用。"这三类政策方案可以为失地农牧民提供生态利益补偿,使他们成为生态移民政策中的受益者,因此他们必然会拥护地方政府,积极响应政府号召、配合政策执行;地方政府在目标群体的配合下提升生态市建设效能,实现集体共同利益的最大化。

(六)公众群体合作型策略对生态市形成的影响

1. 与政府机构形成职能互补,有利于实现公共利益最大化

公众利益群体中成员间可以平等交流信息,决策、执行透明化,不易于官僚作风增长。在环境治理中,政府的知识、能力、精力、资源有限,面对多样化的利益诉求,政府机构需要获取较多信息才可以进行决策,将公众群体的需求传送到上层政府机构,中间可能经过多个部门的利益过滤、增加信息交易成本,而且可能导致信息误差。因此,公众群体可以通过正规的利益表达渠道为政府收集一手资料,防止其他职能部门的利益过滤,扭曲公众真实的利益诉求。它的信息优势和群众公信力与政府职能模式形成优势互补,有利于实现共同利益最大化。

2. 协调利益冲突,维护社会稳定

公众利益群体的壮大,一方面表明了社会群体的利益诉求逐渐受到政府的重视,将其作为制衡强势利益群体分割公共利益的行为,保障社会各阶层利益均衡化,维护社会稳定。另一方面,公众利益群体的壮大也是政府改革的需要,此举表明政府正在转变职能模式,将原本属于社会的公众权利让渡出来,激励各利益主体更好地发挥应有的治理能力。伴随着个体维权意识的觉醒,政府有义务健全公众的知情权、参与权、表达权,这样才能逐渐缓解强、弱势群体间显性化的利益矛盾和冲突。因此,只有维护社会各主体的利益平衡,才能确保社会和谐发展。

3.推动环保组织迅速壮大

公众利益群体参与环境治理本质上就是公众维权意识主导下的集体行动,目的在于保障弱势群体的利益诉求和基本权益,避免强势集团的势力蔓延侵犯到公众利益。环保组织作为正规化的非营利社会机构,它本身就是公众群体的利益代表。尤其是草根型环保组织,它的壮大需要有环保意识的公众积极加入,为组织提供所需资源、注入活力。据统计,自1978年5月,由政府部门发起的中国第一个环保民间组织——中国环境科学会成立以来,全国大约已有三千多家环保民间组织,这些环保组织大致可分为四种类型:一是有政府背景的,约占49.9%;二是民间草根型,约占7.2%;三是学生环保社团及联合体,约占40.3%;四是国际绿色非政府组织(NGO)驻中国机构,约占2.6%。[①] 这几种绿色组织有从业或兼职人员二十多万。其特征有三:一是年龄多在40岁以下;二是50%以上拥有大学以上学历,13.7%拥有海外留学经历,90.7%的负责人拥有大学以上学历;三是奉献精神强,据调查,有90.7%的志愿者不计报酬。[②] 可见,公众群体已成为环保组织的中坚力量,推动其迅速壮大。

二、基于不平等利益交互下的公众群体行动策略

生态市建设中的公众由于自身资源匮乏、内部组织化程度低,使得群体间的利益互动呈现碎片化趋势,难以捍卫、实现自身利益。当利益表达渠道不畅通、环保法制不健全、环保组织不可靠时,作为生态市建设中公众群体的利益诉求经常被忽视。长此以往,公众群体与地方政府、企业型利益群体的利益矛盾越来越暴露无遗,加之网络、QQ、邮件等新媒体为公众间的信息传递、利益表达、行动聚集提供了新手段,反抗行为成为公众向政府、企业、

① 参见何平立、沈瑞英:《资源、体制与行动:当前中国环境保护社会运动析论》,上海大学学报(社会科学版),2012年第1期。

② 参见高丙中、袁瑞军:《中国公民社会发展蓝皮书》,北京大学出版社,2008年,第214~215页。

社会表达自身利益诉求的主要方式。这种反抗行为是公众群体针对忽视或侵犯公众环境利益的行为采取的一种行为策略,它表现为两种形式:正规化的反抗与非正规化的对抗。正规化的反抗主要指公众群体会通过制度化的利益表达渠道,如人民代表大会、听证会、信访、网络微博及公众上访等方式来反抗侵犯公共环境利益的行为,维护自身基本权益。这是一种理想化的公众群体利益表达方式,需要价值性的利益认知、健全的制度体系及充足的资源条件作支撑,监督政府对破坏环境者做出相应的规制或惩罚。事实上,非正规化的反抗也称消极反抗,才是影响政策走向的重要因素,也是政府需要引导、规范的主要行为。

(一)利益认知:维护个人基本权益

不公平的利益互换主要指政商非法联盟损害公众基本权益,公众必然会采取消极的反抗行为激化问题,引起上级政府机构的足够重视,如游行、示威、群体性事件等。它是制度化参与渠道不畅通的一种表现。这种行动方式的对抗对象不仅是损害环境利益的主体,也包括地方政府或相关组织机构。这种行为的利益目标在于以此来唤醒地方政府组织的关注,希望地方或中央政府出面,控制、化解公众群体与环境破坏者间的利益冲突,维护个人基本权益。长此以往,在制度化的利益表达机制不健全,司法渠道不畅通,加之权威、经济资源相对匮乏的影响下,公众群体就会习惯以这种群体性事件的利益表达方式与政府组织、强势利益群体等一切忽视、损害环境利益的行为进行博弈,维护公众自身的合法权益,民间流传的"大闹大解决、小闹小解决、不闹不解决"成为公众心目中一种合法的维权方式。[①] 据中国环保部原总工程师、中国环境科学学会副理事长杨朝飞介绍:"近几年重特大环境事件高发频发,2005 年以来,环保部直接接报处置的事件共 927 起,重特大事件 72 起,其中 2011 年重大事件比上年同期增长 120%;'十一五'期间,环境信访 30 多万件,行政复议 2614 件,而相比之下,行政诉讼只有 980

① 参见王瑜、许丽萍:《环境治理中公民利益群体的策略选择》,《未来与发展》,2014 年第 9 期。

件,刑事诉讼只有30件。"[①]杨朝飞认为,环保官司难打是环保问题的主要成因之一,真正通过司法诉讼渠道解决的环境纠纷不足1%。[②] 表6-1简单介绍了近几年规模、影响力都比较大的几次事件。

表6-1 历年环境保护群体性事件大记事

时间	地点	群体性事件	进展
2011年8月	大连	反对PX项目上万市民聚集市政府抗议游行	市政府决定PX项目立即投资并搬迁
2011年9月	海宁	晶科能源公司污染环境引发数千群众聚集公司门口砸毁公司设备	市环保部门依法对公司做出处理
2011年12月	福建	海门华电项目污染引发群众堵路事件	
2012年4月	天津	中沙公司PC项目污染引发群众"集体散步"事件	市政府决定暂停项目,重新环评复审
2012年7月	什邡	市民聚集市政府,反对宏达钼铜项目建设,少数市民冲破警戒线推倒市政府大门	市政府决定暂停此项目
2013年	广东	江门鹤山反对核事件	与民众对话
2014年	海南	三江反对建麻风病医院	专家宣讲屡遭抵触、宣传范围尚不到位、疾病认识提高极难
2015年	广西	北海民众阻挠海事码头违设	调整项目方案
2016年	广东	海珠反对艺苑变电站	政府调整方案项目继续
2016年	江苏	南京反对红日养老院	政府调整方案项目继续
2013—2017年	广东	汕头反对垃圾焚烧	项目继续

数据来源:根据历年环保大事件整理。

环境群体性事件增多的现象表明两个问题:一是环保组织与政府机构的依附关系,使得环保组织已不再是政府与公众群体利益沟通的桥梁,公众群体通过正规组织的利益表达出现困境,非正规的利益表达途径成为它们

① 张卜泓:《推进环境污染责任保险有效遏制环境群体性事件》,《环境保护与循环经济》,2013年第6期。

② 参见《我国环境群体事件年均递增29%司法解决不足1%》,财经网,http://news.hexun.com/2012-10-27/147289348.html。

倾诉个人利益、情绪的主要渠道；二是地方政府或企业型利益群体的行为方式真正损害到了公众群体的生存环境，更有甚者已经危害生命。企业无底线的污染物排放是导致群体性事件的导火线，地方政府非公共利益的倾向是导致环评过程形同虚设、环境信息不公开、公众基本利益诉求无法有效表达的根本原因。公众基本权益的受损使得它们与地方政府、利益群体形成了对抗阵营，动用内外部资源以公众影响力对政府施压、与企业污染行为对抗。所以当企业型利益群体的行为侵犯了公众群体的利益时，公众就需通过代理人——地方政府来为其争取利益，由企业与公众的利益冲突转变为政府与公众间的利益博弈，宏观上说也是国家与市民社会的博弈。基于不公平利益交互下的公众群体行为策略表现为上访与群体性事件。

（二）利益表达与利益补偿制度缺位

制度激励是公民群体在利益驱动的影响下，借助相关制度推动内外部资源的合理运用，以此实现公民群体和其他主体共同利益的最大化。合理的制度体系有利于引导、规范公民群体的行动方式。如果利益表达制度不健全，就会促使公民群体利用现有资源做出非制度化的利益表达，甚至会出现一些经济性的谋利活动，将一般的群体性事件演化为“闹大”的经济性交易；若利益补偿制度不健全，即使暂时性地安抚好利益受损的弱势群体，最终也会引起公民抱怨，强势群体与弱势群体间的利益矛盾、冲突不断加大，群体性事件会愈演愈烈；若环境法律制度不健全，使得相应制度体系形同虚设，不能确保环境保护者获得应有的补偿和激励，环境破坏者不能承担应有的惩罚，使得公民群体对政府的公信力下降，“信访不信法”①现象频频发生。

（三）草原矿区开采引发公众群体性事件：以锡盟矿区伤人案为例

公众群体性事件是指具有共同利益目标的相关利益群体聚集起来，以不正规甚至不合法的方式来表达共同利益诉求，期望能够引起相关利益主体的重视和关注，从而保障或实现公众利益的行为。这种事件的爆发是利

---

① 韩志明：《利益表达、资源动员与议程设置——对于“闹大”现象的描述性分析》，《公共管理学报》，2012 年第 2 期。

益矛盾激化的结果，一旦爆发，政府作为主要的责任人必然成为公众主要的泄愤对象。由于这些公众群体没有正规的组织为依托，所以其中不免掺杂一些心怀叵测的不法分子在适当的时候激化矛盾，将公众维权事件演化成恶性的、非理智群体性事件，负面影响不容忽视。

在以实现生态市为政策目标的前提下，为了防止草原荒漠化，地方政府积极制定了退牧还草、生态移民、风沙源治理等生态工程。比如内蒙古生态市建设政策执行中为了达到国家级森林覆盖率的标准（山区≧70%，丘陵区≧40%，平原区≧15%，高寒区或草原区林草覆盖率≧85%）的标准，在草原生态环境脆弱的地区，当地政府实施围封禁牧、退牧还草、生态移民、风沙源治理工程等政策措施，在政策监督与利益保障机制不健全及传统生态意识束缚的情况下，必然产生当地政府与农民间的利益冲突，产生农牧民对政策执行的抵制、不作为或规避现象。乡村政府为了应对这种政策执行阻滞现象，一般采取强制性执行或以罚代管。农牧民被罚、被管，切身利益严重受损后，又会不断偷牧、放养，政府与农牧民陷入了不断的恶性循环中，利益博弈无法达到均衡状态，最终的结果就是草原违法案件层出不穷。以2015年内蒙古草原违法案件统计分析为例，如表6－2：

表6－2　2015年内蒙古草原违法案件统计

案件类型	案件数量	立案数量	立案率（%）	结案数量	结案率（%）	提起行政复议或者行政诉讼的案件数	移送司法机关处理的案件数	破坏草原面积（万亩）
合计	16226	16144	99.5	15927	98.7	1	84	3.23
违反草原禁牧、休牧规定案件	14476	14476	100	14468	99.9	—	—	—
违反草畜平衡规定案件	794	736	92.7	734	99.7	—	—	—
开垦草原案件	663	659	99.4	501	76	1	83	2.86
非法采集草原野生植物案件	95	95	100	71	74.7	—	—	—

续表

案件类型	案件数量	立案数量	立案率（%）	结案数量	结案率（%）	提起行政复议或者行政诉讼的案件数	移送司法机关处理的案件数	破坏草原面积（万亩）
非法临时占用草原案件	80	78	97.5	75	96.2	—	1	0.34
非法征收征用使用草原案件	15	15	100	3	20	—	—	0.03
买卖或者非法流转草原案件	14	13	92.9	13	100	—	—	10.65
违反草原防火法律规章案件	13	13	100	13	100	—	—	
其他案件	76	59	77.6	49	83.1	—	—	—

数据来源：根据《2015 年内蒙古农牧厅历年草原监测报告》整理。

从表 6－2 中的数据可知，2015 年内蒙古草原违法案件发生 16226 起，提起行政诉讼的案件数为 1，移送司法机关处理的案件数为 84，共破坏草原面积 3.23 万亩，比 2014 年减少破坏面积 3.43 万亩，减少了 51.5%。案件发生数量排在前三名的是：违反草原禁牧、休牧规定案件 14476 起，占总案件的 89.2%；违反草畜平衡规定的案件 794 起，占总案件的 5%；开垦草原案件 663 起，占总案件的 4.1%。

表 6－3　2013—2015 年各类草原违法案件数量情况

案件类型	案件数量（件）		
	2013 年	2014 年	2015 年
合计	16226	14876	17553
违反草原禁牧、休牧规定案件	14476	12946	15256
违反草畜平衡规定案件	794	506	692
开垦草原案件	663	899	956
非法采集草原野生植物案件	95	137	336
非法临时占用草原案件	80	226	214

续表

案件类型	案件数量(件)		
	2013年	2014年	2015年
非法征收、征用使用草原案件	15	36	45
违反草原防火法律规章案件	13	24	21
买卖或者非法流转草原案件	14	10	5
其他案件	76	92	28

数据来源:根据历年《内蒙古农牧厅草原监测报告》整理。

从表6-3中的数据可知,2015年案件数比2014年多2677件,其中非法临时占用草原案件,非法征收、征用使用草原案件,开垦草原案件,非法采集草原野生植物案件增速位居前四。这些案件多发生在赤峰市、锡林郭勒盟、鄂尔多斯市,因为这些地方拥有着广阔的草原、丰富的矿藏资源和大量开采企业。地方政府为了缓解草原生态压力,从2003年开始实施退牧还草、生态移民、禁牧休牧等政策措施以来,一些地区的农牧民积极配合生态市建设,当地草原恢复工程取得了良好成绩。但有些地区由于经济落后,相关政策措施没有落实到位,或是在执行前没有和农牧民进行利益协商,导致农牧民不按规定配合地方政策。通过上面的数据可以看出,草原违法案件中问题主要表现在两方面:农牧民偷牧现象严重和企业非法占有草原现象层出不穷。

1. 维护基本生存权益下的农牧民偷牧现象比较严重

草原是农牧民的主要经济来源,没有了农牧业收入他们将失去了生存之本,会严重损害农牧民的基本利益需求。在生态移民中,地方政府虽然为了恢复草原植被,将大量农牧民移走,为失地农牧民建立新家园,培养他们新的技能供给生产成本等手段,但最终还是有农民偷偷搬回原住地进行偷牧。走访一些村民时答复说,虽然政府为他们做了很多,但他们真正的根本利益政府却不知情,在做出决策前没有和他们商量。新家园、生产成本都有了,但是地方政府却没有给他们建立畅通的销路,他们都是些除了放牧、养羊没有别的技能的农民,起初如果政府没有给他们创造良好的产—研—销等一系列配套措施,农牧民根本没有能力创收,结果就是地方政府新建的家园没人住,违反禁牧、休牧等案件数量逐渐攀升。还有些地方政府占用草地后给农牧民一次性的补偿款,相当于征地后的补偿金。金额虽然不少,但大部分农牧民没有经营其他产业的本领,拿着领来的补偿款没几年就用得差不多了。农牧民们要的不是钱,草原是他们的生计,政府征地后应该给失地农民开发生存的新环境、培养新技能和创业的新本领,他们需要的是持续的保障性政策来维持公众利益的实现。在这一政策过程中出现了地方政府与农牧民的利益博弈,农牧民需要与地方政府共同参与到草原生态治理的过程中,建言献策、平等协商,调和各自的利益矛盾,只有决策前将各种利益因素考虑进来,才可以促使集体行动的最终实现。单方利益主体的资源占有可能破坏利益格局,产生利益冲突、利益倾斜,破坏草原治理偏离政策目标。

2. 经济利益驱动下的企业非法征占草地现象层出不穷

草场被非法侵占一直是比较普遍的问题,一些机关企事业单位长时间、大面积、低赔偿占用草场,在牧区寄养牲畜,与牧民争夺有限的资源;有些地方主管部门将本地的草原等资源未经有关群众同意,出租给外来的人“开发”,实际上是借用农民的草地资源进行钱权交易;还有些地方政府打着招商引资的旗号,对一些损害草原生态的经济行为置之不理,把对草原的管理权变成一种获取额外收入的行政特权,由“寻租”进而发展为“设租”,草原非法侵占现象层出不穷。①

2012 年 11 月,《内蒙古自治区征占用草原审核审批程序规定》《内蒙古自治区草原植被恢复费征收使用管理办法》和内蒙古草原监督管理局发布的《关于开展全区草原执法专项检查的通知》《内蒙古自治区嘎查(村)级草原管护员管理办法》,以及规范性文件的出台,对占用草地的补偿标准、破坏草原植被的惩罚措施都进行了详细的说明,这种禁止开发与加大补偿力度并行是草原治理的主要方式。生态市建设是一项公共政策,需要各方利益主体通过集体行动的方式实现社会公共利益分配均衡化,不能单独依靠政

---

① 参见王瑜、张天喜:《内蒙古草原生态治理中的政府责任》,《内蒙古大学学报》(社会科学版),2012 年第 5 期。

府以限制、禁止、处罚等“堵”的方式开展生态治理。这种主要依赖政策倾向、资金补偿的方式多适用于生态市建设的启动阶段。随着生态市建设规划的逐步完善，不考虑市场因素仅依赖政府强制实施的生态补偿的方式，当遇到复杂性问题时显得效力不足，使得经济发展与生态建设陷入死循环的路径。尤其是禁牧、禁伐、禁排和禁采之后，人们的生计仅依靠政府资金补贴不是长久之计，也会给中央或地方财政增添巨大负担。长此以往，农牧民的基本利益需求无法得到满足，草原生态利益受到严重损害，必将产生公众与企业、公众与地方政府的利益冲突，影响生态市建设进程。当冲突升级到一定程度时就会演化为群体性事件，可能危害社会稳定。

3. 农牧民与企业间的利益冲突引发群体性事件

由于国家对公众群体性事件一般不予以公开报道，这次案例分析是以访谈的形式，简要记录2011年5月11日发生在XM盟市的农牧民群体事件过程。由于事件的严重性，不方便透露访谈对象，简称为某环保局工作人员D。XM盟市是国家重要的绿色畜牧产品基地，而且拥有着丰富的煤炭资源，石油、铁、铅、锌等矿产储量相当可观，在国家“十二五”规划中又被列为全国五大综合能源基地之一。可以说，草原生态和资源储备是地方兴旺繁荣的基础，也是当地政府面临的主要利益矛盾，要生态还是要经济是摆在政府面前的首要问题。

草原矿区是XM盟市常见的景象。一些企业在采矿过程中没有建立相应的废水、废渣处理流程，使得一些不达标的污染物直接排放到地下水中，污染了附近的河流、草原植被和湿地。草原矿区开采活动频繁出现，受监管职能缺位或利益链条的影响，无序开采情况在许多矿区时有发生，草原违法侵占事件也逐年上升。企业私人利益与农牧民的利益诉求发生碰撞。以某草原矿区企业为例，该企业经营矿产资源已有一定规模，企业利润丰厚，也是当地重要的纳税大户，所以地方政府积极支持企业的矿藏开采工程。但有时迫于上级压力和草原生态治理的绩效考核，经常对该企业进行“象征性”管制，把一些“乐观数据”上报给上级监管部门来彰显政绩。征地也是矿区开采中一项重要的工作，该企业在开采过程中征占了不少农户的土地，都以相对丰厚的资金补偿来安抚农牧民。农牧民都是些生活质朴的农民,一直以草原畜牧业为生的他们从没有一次性见到这么丰厚的报酬,受眼前利益的影响与企业进行利益交换,各取所需。这种看似平等的交易中农牧民获得的一次性经济补偿,是以自己一生的生存之本交换而来的。

2011 年 5 月 11 日早晨,该企业的一些人员非法闯入了草原耕地,要求牧民限期搬走,而且给予一定的报酬,其中的细节环保人员 D 也不是很清楚,只记得双方的利益交换筹码没有达成共识,企业这边的工作人员说牧民加价太高,根本不可能满足,双方产生了分歧。企业一方凭借人多非法闯入牧民草地,试图强行占用,此时双方起了争执,牧民被打成重伤。事后不久,附近村民们得知消息后,慢慢聚集起来与企业进行利益协商,要求高额索赔。企业中的这几名办事人员年轻气盛,根本不理会牧民的利益需求,反而将矛盾升级,与牧民们进行搏斗。不久,事件的性质发生了变化,周围的农牧民集合到了一起,目的不只限于利益索赔,还要求惩治企业相关责任人,并以游行、示威、集会的形式引起地方政府的关注。此时,企业对事态的扩大化有些恐慌,希望能以和谈的方式解决问题。地方政府得知消息后也出现在第一现场,同意企业给予一定的利益赔偿。但此时农民的利益需求已由金钱诉求转化为权利意识诉求,要求地方政府立即惩治企业责任人,并命令企业停产。地方政府在这一事件中有决策延误的责任,不知是出于全局考虑还是出于利益链条或关系网络的考虑,失去了最佳的事态控制时机。到 5 月 15 日,事态进一步扩大化,整个地区的农牧民都聚集起来在镇政府门前游行、示威,要求维护公众基本权益,迫使政府表态。附近其他盟市的农牧民也响应号召,在各地陆续集合起来给地方政府施压、请愿,大规模的群体性事件从而形成。之后,XM 盟市地方政府启动了《XM 盟市较大规模群体性事件应急预案》和《草原执法专项检查》,对相关责任人依据责任大小处以相应的刑事、民事处罚。

环保人员 D 说:"这次大规模的群体性事件不是突然发生的,农牧民与矿区企业的利益矛盾已不是一两天了。许多矿区企业看中了 XM 盟市这块宝地,丰富的资源可为他们带来可观的利润,为了满足个人的私欲,不惜动用关系、金钱、权力等一切可用资源来达到个人目的。XM 盟市在内蒙古地区属于欠发达地区,冬天温度可以达到零下三四十度,除了畜牧业,别的产业发展相对滞后。随着周边其他地区经济的快速崛起,当地政府看着着急,所以对那些招商引资企业产生政策倾斜。起初是希望能够以相对宽松的政策换取地方经济的繁荣,本质上也是为了公共利益的实现;之后,面对可观的利润和资源开发市场的激烈竞争,企业间形成了利益群体间的博弈,试图通过各种手段、花费较多成本来赢得项目,获取开发权、土地权、环评资格等,一些不光彩的手段运用到政企关系中。地方政府中某些部门、某些官员挡不住可观的利益诱惑开始转变身份,由公众代言人转向企业代言人。"

"那么上级政府为何不管制呢?"

D 接着说:"草原生态的治理与破坏不是一触即发的,需要一定的周期才可看到收益或损失,起初看到的只是可观的利润;农牧民也不例外,殊不知矿区开发出来的废渣、废物没有后期正规的排放渠道,流入耕地、地下水、河流后污染的是农牧民整个生存环境,最终连吃、喝都被污染,草原生态被破坏,老人、孩子患上疾病……农牧民长期承受着矿区开采带来的威胁,人们心中怨声载道,此时利益冲突再次升级,已不是简单的利润分成能够解决的问题了……"

这时的利益冲突已经上升到政治高度,需要地方政府参与进行利益调解,如果其中再掺杂一些不法分子,农牧民就成了不法分子煽动非法事件的工具,后果不堪设想。最终在这次博弈中,不仅企业被政府处罚、相关政府官员接受处分,农牧民更是损失惨重,草原环境持续恶化。在公共资源竞夺中,利益主体处于各自私利而采取行为,结果就是囚徒困境。此次事件对内蒙古地方政府和公众的影响非常深远。2012 年党的十八大期间,自治区主席胡春华回答中外记者就如何处理环境保护与资源开发时,提到了这次冲突事件并指出:"这次群体性事件,没有那么简单,也没有有些人说得那么邪乎……政府也应该反思,尤其在矿产等资源开发中,要保护好生态环境,更要保护好群体利益。”①

(三)公众群体消极反抗对生态市建设造成不良效应

伴随着社会结构的分化,利益目标多元化,公众维权意识也在逐渐觉醒,这些都为公众采取消极反抗行动提供了动力。公众通过向政府机关表达被忽视的利益诉求或被侵犯的基本权益,希望引起政府机关的互动,关注弱势利益群体。消极反抗是公众利益表达的一种方式,“和谐社会不是一个没有利益冲突的社会,而是一个能容纳并能够用制度化的方式解决冲突的社会,是一个通过冲突和解决冲突来实现利益大体均衡的社会”②。所以正规化的反抗是公众群体强化利益意识和权利意识的一种行为表现,它将渗透于社会文化中并形成一种势能,使地方政府组织、强势利益群体都不敢轻易侵犯;消极反抗也是公众维权的一种特殊表现,它应该处于公众群体利益表达中的次要地位,但是当正规化的反抗行为逐渐被消极对抗所替代时,将会对生态市建设,甚至社会秩序产生极大的不良效应,主要表现为:

1. 降低政府公信力

当正规化的利益表达渠道形同虚设时,消极的群体反抗就是公众参与的主要形式,目的在于通过这种行为来引起上级政府的关注,严肃整治不良之风,维护公众利益。但当这种消极反抗行为越来越多时,表明了政府公众代言人的形象已经受到质疑,号召力、影响力已经不被公众群体所信任,公众试图通过这种对抗方式与政府、利益群体展开博弈,凭借自身资源动员能力与非公共利益进行对抗。公众与政府间的利益关系由关联性转向竞争性,这与政府“唯 GDP 至上”的政绩观、管理制度缺陷、环境信息公开程度低及环境法制体系不健全有着不可分割的联系。

2. 公众参与形式走向畸形化

中国社会的快速转型引起了社会各利益群体的不断分化是公众消极反抗产生的重要社会背景。社会结构的分化使得公众的维权意识逐渐增强,

---

① 胡春华:《保护生态环境更要保护群众利益》,人民网,http://cpc.people.com.cn/18/n/2012/1110/c350844-19538699.html。

② 孙立平:《和谐就是利益表达的规范化与制度化》,《社会科学报》,2005 年 3 月 10 日。

公众舆论已成为影响政府决策的重要因素之一,碎片化的公众群体利益表达正在越来越深刻地影响着政策过程。进入互联网时代,微博、微信、自媒体等社交平台成为公民意见表达的主要场所,利益碰撞、矛盾激化越来越频繁,公民维权方式也越来越复杂,造成了重大的社会影响,尤其是涉及生态环境保护问题时,公民与政府、企业间的利益冲突也越来越显性化,"依法抗争""以法抗争""以理抗争"的利益表达制度形同虚设,公众参与形式走向极端,各种群体性事件、维权事件都以"大闹大解决,小闹小解决,不闹不解决"[①]的逻辑思路不断涌现。

3.不合理的利益驱动引发社会风险因素

由于利益的一致性具有很强的动员能力,当部分参与者想趁机扩大自己的利益范围,将私人利益诉求凌驾于公共环境利益之上时,他们就会借助于消极反抗的势力来为个人谋福利。比如向政府提出一些不合理、不合法的需求,或是激怒民众情绪、将事态扩大化,目的不是想引起当局政府的重视,而是想让政府妥协来满足部门参与者的不合理需求。这种行为的动机不是想解决问题,而是将群众的对抗升级、加大利益协调难度,从而引发社会风险因素,将高风险留给社会大众,高利润却被部分不法参与者所占有,进一步扩大了利益差距。

三、盲目追逐个人私欲影响下的公众群体行动策略

(一)狭隘地自我经济财富最大化

以经济性收益为动力的公众群体面对生态市建设的相关优惠政策时,常常表现出坐享其成的态势;当某些相关政策由于强势利益群体的干扰,出现了扭曲政策、违背公共利益,甚至损害公众的环境权、健康权等生活环境和生命安全时,只要能以相应的经济利益进行索赔,他们就会选择不作为,

---

① 韩志明:《利益表达、资源动员与议程设置——对于"闹大"现象的描述性分析》,《公共管理学报》,2012年第2期。

继续接受污染,狭隘的个人私欲是激励公众行动的主要动力。

(二)个人私欲驱动下的公众群体不作为

不作为也是生态市建设中公众利益群体的一种行为策略,它认为无论公共政策走向如何,都与一些公众个人利益不相关。这种行为下的公众群体面对公共环境利益的得失都不想介入政策过程,维护个人的私利是他们行动的唯一目标,而且这种私利仅局限于狭隘的经济性利益诉求,不包括价值性的公众基本权益。

(三)公众群体不作为对生态市造成的影响

保护环境、为子孙后代造福事实上是每一个社会大众的心声,但在将这种代际公平的价值理念付诸实践的过程中,有些人就成了"思想的巨人,行动的矮子",都担心公共政策过程中存在"道德风险"和"搭便车"现象,驱使其他利益主体将本该承担的责任、义务,转嫁于他人承担。这些人被短期利益或个人利益所诱惑,出现集体行动困境,影响生态市建设进程。采取不作为方式的公众即使面对强势集团势力的侵蚀,导致个人利益严重受损时,也不会采取主动的维权行为,他们会被动地接受强势集团给予的一些物质性补贴来弥补个人损失。这种行为的后果不仅是"公地悲剧"的上演,而且可能助长强势利益群体的势力蔓延。可见,公众选择不作为,根源就在于他们认为环境治理中的集体行动是以牺牲个人利益来保全公共利益的,除了个人狭隘的私欲外,没有其他利益诉求可以激励他们主动参与环境治理。他们这种对环境治理的片面认知,需要政府在得到公众信任、支持的基础上,构建适当的环境伦理制度体系,从人们的意识深处进行教育、宣传,引导公众利益认知。

总之,环保组织在生态市建设中出现的"合法性危机""策略困境"、资源受限,以及公民群体表现出的合作、对抗及不作为的诸多现象表明:在利益矛盾多发、利益目标分化的背景下,精英组织应充当一个负责任的利益协调员,给予公众利益群体应有的话语权和合理的资源储备,确保公众利益群体与其他主体的利益互动建立在平等、理性的基础上,行动策略由非正规化的对抗转向协商合作,彰显政府权威的合法性与公正性。

第七章 完善激励制度体系，推进生态城市建设进程

人的行为从来都不是孤立的，而是互为条件、相互制约、相互影响的。正因为如此，制度的存在才有意义。制度就是用以界定人们的自由活动和自由选择空间，以及确立一套激励的规则和奖惩的办法，从而规定人们在核算自身利益得失后，做出自己的选择和决策。从利益视角来研究生态市建设，对利益主体不同行动策略进行研究，不仅依赖于主体正确的利益认知与资源条件的有机结合，制度激励也是重要影响因素之一。

人的行为动机不单单是无条件地追逐个人利益最大化，那样也就不会有政府、公益性社团组织的存在。也就是说，生态市建设中的利益主体都有追求自身利益最大化的动机，但能否实现不仅仅由主观意识决定，还要依赖于客观的资源条件和制度环境。利益主体要在客观的制度环境中进行利益得失的核算后，才会做出有限理性的行动。所以利益分析理论中的利益主体不仅仅是简单的理性经济人，他们是拥有多种复杂利益需求的"比较利益人"。

人的主观利益认知是在多种因素共同作用下形成的，它促使人们有做出某种行为的倾向性，资源条件为将这种行为动机转化为具体行动提供了物质基础。利益激励通过构建制度体系，实现对偏离公共利益的主体行为进行约束，对促进公共利益的主体行为进行激励。制度就是生态市建设过程中进行利益分配的手段，制度的构建势必会在生态市建设中形成利益获益者、利益受损者、利益无关者。制度的缺陷通过主体行动表现出来，主体行动的失范需要制度去纠偏。因此，如何引导利益主体的行动策略有利于生态市建设，关键是要优化生态市建设中的激励性制度体系。具体来说，激

励性制度通过制定具体规则来改变地方政府、企业型利益群体、公众型利益群体的预期收益,激励多元主体在核算自身利益得失后,制定出有利于公共利益的行动策略,同时也能实现个体利益的最优化。

不同的制度环境对利益主体产生的激励效应是不同的。完善激励、约束制度体系目的在于,如何规范、引导利益主体对那些需要承担一定社会成本的公共服务领域,由漠不关心转变为积极参与,在维护生态市公共利益的前提下实现个人利益的最大化。完善制度体系在合理约束主体行为的基础上,试图激励他们参与生态市建设的积极性。但激励性的制度供给在一定程度上也需要强制性的制度安排作保障。环境利益、经济利益是生态市建设中主要的利益冲突。因此,首先要完善环境法律体系,构建"权利制约权力"的约束制度,激励利益主体制定出最优行动策略;构建合理的政府管理体制,明确主体间的环境权责关系,为各项激励性制度的实施提供基本保障。市场化的激励制度强调运用经济性政策工具规范、激励企业型利益群体的行为方式,引导它们主动参与生态市建设,为实现公共利益发挥积极作用。健全环保组织自治性,真正承担起政府与公众群体间利益互动的桥梁功能,将公众真实的利益诉求及时、准确地反馈给政府,避免执行偏差引发的利益冲突爆发。完善公众参与制度,归还公众应有的权利,激励公众群体的壮大,以此来遏制强势利益群体势力的蔓延,确保生态市建设的公平性。

第一节　完善环境法规制度体系,确保生态市建设的公正性

法律的首要目的是通过提供一种激励机制,诱导当事人采取从社会角度来看最优的行动。① 而法律对个体行为的激励功能,就是通过法律激发个体合法行为的发生,使个体受到鼓励做出法律所要求和期望的行为,最终实现法律所设定的整个社会关系的模式系统的要求,取得预期的法律效果,形

① 参见陈彩虹:《法律:一种激励机制》,《书屋》,2005 年第 5 期。

成理想的法律秩序。[①] 因此,法律制度本身就是一种具备激励功能的制度体系。它的内容设定和实际运行都必然影响民众的行为方式,实际发挥激励个体行为的效果。

一、环境法法益体系

生态市建设要想避免多元主体间的利益冲突、矛盾扩大化、极端化,引导各主体行动方向不偏离公共利益,关键需要构建环境法体系,通过制定相应的实施规则,"强制"偏离公共利益的主体行动,产生"非强制地"让人们做什么的普遍激励,逐渐促使个人利益与公共利益相协调。环境法法益就是具备正向激励和反向约束个体行为的法律,致力于保护环境利益、抑制利益冲突和对抗行为的发生。环境法的保护领域是自然资源和生态环境;环境法法益与公共环境利益密切相关,即受环境法范围保护的利益。

环境利益分为资源利益和自然利益,因而环境法法益是在保护资源和自然利益的基础上,协调、约束相关利益主体的行为,对一切增进和减损环境利益的行为进行规制,环境权利和环境权力是环境法法益的两种积极保护形态。以资源利益和自然利益为基准将环境保护法分为:环境污染防治法和自然资源保护法两种。从利益分析的视角看,环境防治法就是在协调环境污染防治、治理过程中产生的社会关系,目的是保护生态环境利益不被其他个人利益、部门利益等非公共利益侵害;自然资源保护法主要是对资源利益的保护,防止自然资源在被开发、利用过程中资源利益受到损害所形成的法律关系。除此之外,它还涉及一些专项保护法,如自然保护区保护法、风景名胜区保护法等。生态市建设过程中既涉及资源利益也涉及环境利益,企业大量开采自然资源用于再加工制造,这个过程中产生的污染物损害了公众的环境利益,从而产生一些利益矛盾或冲突阻碍了政策执行进程。如政府与企业间的利益矛盾、政府与公众群体间的利益矛盾、企业与公众间

---

① 参见付子堂:《法律的行为激励功能论析》,《法律科学》,1999 年第 6 期。

的利益矛盾、企业与环保组织间的利益矛盾，这些矛盾产生的根源就在于环境权力与环境权利的相分离、不协调发展，没有形成“以权利制约权力”的民主型法治体系。所以明确各利益主体在环境保护中应尽的责任和构建有效的环境执法制度体系，才是解决阻碍生态市建设的重要方法。

二、构建“权利制约权力”的环境法法益体系

环境是公众的生存之本，享有良好的环境条件是每个公众应有的权利，那么保护环境也是每个人应尽的义务和责任。我国当前的环境保护法无论是自然资源保护法，还是环境污染防治法都主要是政府“管制法”，以各级政府自主管理为主，权力大、范围广，这样的环境法律体系已经不适应多元化的利益格局体系，政府环境责任缺位、越位，环境权力的监管体制不健全、环境信息公开滞后等一系列问题，与环境法律责任体系不明确有着密切联系，需要明确政府、企业和公众在资源和环境保护中的相应权利与义务，以此构建“权利制约权力”的法律责任体系。

（一）明确政府的环境公权力

政府环境公权力的行使就是保护环境利益，避免其他非公共利益的侵犯。政府环境公权力主要包括：“①环境规范制定权。依照我国宪法和法律的规定，制定有关环境管理的规范性文件、环境保护与自然资源规划、各类环境标准等。②环境管理权。依法管理各类环境与资源开发利用活动，落实环境影响评价制度、‘三同时’制度、限期治理制度、污染事故应急处理制度、排污许可与自然资源许可制度、环境与自然资源税费制度等环境管理法律制度，进行各类环境管理。③环境处理权。处理各种环境纠纷，对违反环境法律法规的自然人、法人和其他组织进行法律制裁。④环境监督权。对各种污染和破坏环境资源的行为进行监督。”[①]资源与环境利益的保护需要

---

① 史玉成：《环境利益、环境权利与环境权力的分层建构——基于法益分析方法的思考》，《法商研究》，2013 年第 5 期。

政府作为主导力量,运用强大的资源条件和经济实力完善环境责任体系,促使环境利益与资源利益协调发展。资源与生态环境是不可分割的联合体,资源大量开采必然导致环境污染、损害环境利益,二者“一荣俱荣、一损俱损”。所以政府环境监管体制的运行和法律制度的建设要以保障生态环境利益为主线,构建均衡化的生态利益供给、分享和补偿制度体系,使其从程序性规则跃升为实体性法规。要建立环境损害社会化责任补偿,如环境损害责任保险、环境损害行业风险分担协议等社会性救济制度。

(二)明确企业的环境权利和义务

企业的环境权利或义务主要表现在两个方面:其一,企业在生产经营期间的行为要以不减损环境利益和资源利益为标准,在环境与资源可以承受的范围内运作。其二,企业在追逐个人利益最大化的过程中产生的环境外部性也分为正外部性和负外部性,正外部性指有利于环境与资源利益递增的行为,是企业应尽的义务;负外部性在法学中表述为“损失外溢”,环境立法通过确立环境责任原则,运用行政强制、经济激励和行政指导等实施机制,将负外部性内化损失为企业成本,对被损害的环境公益进行合理补偿。[①]也就是说,要想实现企业的环境负外部性内部化,在政府有效履行环境监管责任的基础上,企业要对环境和资源造成的损失进行积极补偿,对受损者实施充分救济以使损失外溢最小化。在大量资源开采中,企业对失地农牧民的草原生态补偿机制就是一种降低损失外溢的救济方式。企业要在生产经营过程中积极履行环境义务,扩大环境的正外部性效益,树立良好的社会公益形象,提升企业竞争地位;还要积极减少负外部性损失,成为生态市建设的有效促进者。

(三)明确公众环境权利

公众环境权利是对政府在环境治理过程中出现的失灵状态进行的有效补充,避免造成环境侵权损害,即民事损害或财产权益损害,这些侵权活动涉及公众知情权、参与权和监督权统称为公众环境权。当环境利益与经济

① 参见李丹:《环境立法的利益分析》,中国政法大学2007年博士研究生毕业论文,第25页。

私利发生冲突时，表面上看是企业不履行环境保护责任导致的资源流失或环境污染行为，本质上是政府不作为或执行不力导致的公共利益缺损、流失。公众环境权利的行使就是要发挥委托人的责任，对代理人进行及时监督，避免环境利益的缺损。在现行的环境保护基本法规中，公众的环境权利主要表现为程序性权利，权利发挥作用大多滞后于环境污染和资源破坏事件的发生，没有起到事前参与的作用，只是表现为事后参与的形式，有些事件连事后参与都不能及时进入。所以要将公众的环境权利由程序性上升为实体性，前提就要把政府的环境公权力进行下放，改变传统环境法"重政府环境权力轻政府环境义务、重政府经济责任轻政府环境责任、重企事业单位环境义务和责任轻政府环境义务和责任、重政府第一性环境责任轻政府第二性环境责任、重政府环境保护行政主管部门的环境责任轻政府负责人的环境责任"[①]的环境管理体制，构建公众生态利益保障机制。公众生态利益保障机制不仅限于对个人财产或产权明确的组织进行的民事救济制度，对环境和资源整体利益的保护才是公众权利，也是环境法的核心范畴，建议要完善《中华人民共和国环境侵权法》，将公众环境权上升为整体环境与资源利益的高度。

三、构建网格化监管体系，确保环保执法高效性

在明确了生态市建设中利益主体的各自环境权利和义务后，对于那些不按法律规则履行应有责任的主体，要制定有效的约束制度规范其行为合理化。首先，应该加大环境违法行为的惩罚力度，使违规成本大于守法成本；其次，要完善环境行政许可制度与环境行政处罚制度，尤其是环境污染民事纠纷的行政处理程序要公平、公正，对存在异议的纠纷事件要及时启动环境行政复议制度作为完善；最后，构建网格化监管体系，确保基层环保执法高效性。当下环境监管执法难，而问责制度在不断健全的过程中，强化了

① 阳东辰：《公共性控制：政府环境责任的省察与实现路径》，《现代法学》，2011年第2期。

人们维护环境的意识，这将会使环保部门面临巨大的责任风险；传统的环境监管方式因为缺乏动态信息的来源、传递的渠道并不通畅等原因，监管模式已经不再符合现如今更高要求的监管环境，现在的监管内容比以前更加复杂了，加之外部环境也出现了变化，法律的不断完善，人们的法制意识也得到强化，这让社会方面的监管得到了不错的发展，相关的执法部门面临着更高的要求；环境的违法行为有其一定的隐蔽性，环境监管比较困难。[①] 网格化监管模式将监管队伍延伸到乡镇一级，实行三级管理模式，实行定网格点、定人员、定任务的三定制度。网格化环境执法体制从运动式治理转型全程动态监测、监管，将生态修复和污染防治监管工作从源头抓起，执法模式由事后处罚转变为事前预防，有效地降低了执法成本，提升了监管绩效。

第二节 健全政府管理体制，确保生态市建设有效性

一、建立科学、合理的政绩考核体系，激励官员合理晋升

盲目追求经济指标的发展时期已经过去，我国现在的经济水平已经步入了稳定增长时期。但与之匹配的社会、环境发展指标却相对落后，在公共服务供给上与发达国家产生了一定的差距。维护民生和经济发展同等重要，否则就会出现经济发展超出了社会、环境、资源配置所能承受的范围，社会发展畸形，贫富差距悬殊，不稳定因素增加。这几年有关维护公民基本环境权益的群体性事件层出不穷，这一现象表明了当前的社会、环境的发展已明显落后于经济建设的步伐。中央政府也已转变发展思路和规划路线，在2005年就提出降低预期国内生产总值增速的目标，政策方略也由“经济建设优先”转向“社会—经济—环境的共同可持续发展”，不断提出建设生态省、生态市、生态县、环保模范城等一系列政策目标。一项政策目标的落实需要

① 参见张焕：《网格化环境监管的意义及存在问题的分析》，《环境与发展》，2018年第9期。

经过地方政府再决策、制定执行措施、落实到具体部门、政策评估、政策反馈等诸多政策环节，实现生态市也不例外，需要相关的合理性政策措施与之配套执行。其中，改变地方政府的绩效考核体系就是其中不可或缺的一个环节。如果只是从程序上强调社会—经济—环境的协调发展，都是一些象征性的政策口号，不能促使地方政府将政策口号落实在具体行动中。只有改变地方政府的发展模式、绩效考核体系等制度措施，才能从根源上约束盲目追求经济增长的发展趋势，为环境保护政策的有力执行提供实质性的保障。

环境破坏不是一触即发的，它涉及资源、生态承载力的问题。只有当利用率超出了资源和环境所能承载的限度时，才会导致环境利益受损。生态建设也不像教育、医疗和社保等公共政策收益快、成效高，它也是一个逐渐积累的过程。所以地方政府要想实现生态市也需要一个建设周期，这样必须在基层政府绩效考核中加入生态环境因素，才能激励地方政府热衷于从事环保事业；实行每年取得的暂时性环境成效记入当年地方政府的绩效考核中，避免官员晋升过程中出现“为他人作嫁衣”的现象。尤其是基层政府作为生态市建设中的中枢力量，面对激烈的政治锦标赛和政绩考核，如何兼顾社会、经济、环境利益的协调发展是基层组织面临的主要难题。所以上级政府构建科学、合理的绩效考核政策，才是驱动基层政府如何决策的关键利益因素。比如引导盟市各级政府把生态市、生态县建设放在全局工作的重要位置，重视生态职能的发挥，及时研究解决本地区环境保护的重大问题。基层政府把握好公共利益方向，在与企业的利益博弈中才会避免不合法的利益俘获，利用自身有限的公权力和资源为建设生态市贡献力量，同时地方政府也获得了自己应得的政治利益诉求。

二、健全环境行政权监督机制，遏制地方保护主义行为

内蒙古十二个盟市中大多属于资源型地区，丰富的能源、矿物质代表着可贵的经济利润，也是地方发展的一大特色。尤其是钢铁和稀土产量都位居世界或国家前几位，在全国工业行业发展中占据重要地位。在生态市建

设中,行政监督机制是保障各项政策措施顺利执行的重要手段。只有健全环境行政监督机制,才能正确规制地方政府的行为,有效地处理与企业型利益群体的博弈互动,遏制盲目的地方保护主体行为。所谓环境行政权指国家环境管理职能部门依法行使对环境保护工作的预测、决策、组织、指挥、监督等权力的总称,它是国家行政权力在环境保护领域的运用和实施。① 我国的环境行政权监督体系采取权力监督与社会监督,内部监督与外部监督相融合的方式,要给予社会监督力量以实质性的监督权、处罚权,权力监督作为社会监督的强大后盾,规范社会监督权利的发挥,这样既可以节省权力机关收集信息花费的成本,也可以获取及时、可靠的一手资料,两者相辅相成、共同发挥。比如对环境立法权和执法权的监督,需要逐渐实现向公众公开立法资料和立法过程,如允许公众旁听、监督立法人员的讨论、公开转播立法进程等。如美国法律规定,立法主体必须在《联邦公告》上登载法律草案和说明,没有登载的将因不符合立法的程序要件而不能生效。② 提高公众法律意识,更好地履行监督职责。在生态市建设中,对已经获批的国家级生态乡、村,定期对各级指标进行考核,利用环境影响评价制度对可能造成的环境影响进行分析、预测和评估,提出预防或者减轻不良环境影响的对策和措施,从源头上防止新的环境污染和生态破坏,以及基层政府瞒报、遮掩不法行为的现象发生,有效地约束地方政府和企业的自利行为。

三、健全企业环境信息披露机制,防止政商联盟侵犯公共利益

20 世纪八九十年代,国外一些国家的企业环境信息披露机制早已起步,著名的如美国有毒化学品排放信息库和 33/50 计划、印度尼西亚的"污染控制评级"计划等。2003 年,《中华人民共和国清洁生产促进法》中第一次明确规定了企业有义务及时公开环境信息,并在其中发布了《关于企业环境信

---

① 参见吕忠梅:《环境法》,法律出版社,1997 年,第 142 页。

② 参见杜万平:《环境行政权的监督机制研究》,武汉大学 2005 年博士研究生毕业论文,第 79 页。

息公开的公告》。企业环境信息披露机制指在环境伦理道德责任和企业间竞争力的共同作用下,通过一定的途径,在企业的生产经营活动中,对环境产生的影响进行及时披露。这些披露的环境信息内容一般包括:"①与公司有关的环境法规的简要介绍;②指出公司现在和未来要负担的环境义务与责任,包括由于环境而导致的政府对公司的诉讼案件;③提供与环境事故有关的详尽信息;④阐述公司解决环境问题的计划或策略;⑤说明履行环境义务或责任所发生的成本支出和结构;⑥指出与已披露环境事故有关的保险赔偿;⑦说明环境责任对公司财务状况可能带来的影响;⑧说明企业的生产工艺、产品、原材料等在各个环节造成的对生态环境的影响;⑨讨论公司在废品回收、利用和能源节约方面的政策,以及它们在企业内部的执行情况;⑩说明公司在环境方面已得到的认可或受到的奖励等。"[①]企业环境信息披露机制是一个涉及股东利益、政府公共利益、企业员工及社会大众等多方主体利益博弈的手段;它是基于成本—收益理论为基础的一种全方位、系统化的机制,它的建立可以为企业、社会、政府组织更好地建设生态市提供更多有利条件,主要表现为:

(一)有利于彰显企业的社会责任

企业是经济利益导向的主体,物质利益最大化是企业生存的主要目标。生态市建设是倡导环境、经济与社会和谐发展的生态经济新时代,企业作为一个重要的利益主体,它的行动策略与周围的生态环境息息相关。一旦企业的行为引起周边的环境严重污染、资源枯竭,企业发展陷入了盲目追逐经济利益与损害环境利益的恶性循环中,最终将会遭到自然的惩罚。社会的全面发展要以尊重自然为前提,即人与自然和谐发展。企业作为影响城市环境、社会、经济发展的重要主体,若想顺应时代的发展规律,保持集团利润的可持续增长,必须在生态市建设中积极履行生态责任义务。

企业既然享受着自然的恩赐,就应该积极承担起保护自然的责任。否

---

① Jerry G. Keruze, Galee. Newell, Stephen J. Newell, What Companies Are Reporrting, *Management Accounting*, 1996, pp. 172 – 183.

则,自然资源的枯竭致使人类生存面临危机,企业也不例外。它们应当奉行绿色能源产业或可循环利用能源战略,虽然在能源开发、开采中花费大量经费,却可以保证自然资源的可持续利用,为社会造福。企业是生态市建设工程中的一个重要子系统,生态市建设创造的公共环境利益具有不可分割性,企业可以无条件地享受。为了代际公平及人类的可持续发展,企业应该积极履行保护生态的义务,由自然的征服者转变为自然的守护者,承担起保护自然、防止污染的公共责任。因此,企业积极公开与环境有关的财务、绩效信息是一种主动履行环保义务、承担社会责任的行为,彰显了企业高尚的环境伦理道德意识。随着社会转型、经济转轨、市场分化等诸多因素的影响,这种环保行为规范是适应全球可持续发展理念的一种道德意识,将会成为企业提升核心竞争力的优势之一。

（二）改变企业利益动机,由逐利性走向一致性

环境信息披露机制试图改变企业先前以违规惩罚为代价换取企业短暂的利润收益,要求企业及时、主动向消费者、投资人、政府机构公布排污或治污信息,引导消费者获取更多关于产品的信息,也可以对产品造成的损失进行预期的估算。环境绩效好的企业降低环境治理成本,获得更多资本收益,从而吸引更多投资者的眼球,为企业谋取更多经济利润。环境效益好的企业不仅拥有良好的社会声誉,还可以得到一定的财政补贴或优惠政策,会吸引更多的劳动力为其工作。而分利性利益群体需要通过庞大的资金用于利益俘获,赢得暂时性的政策庇护。长此以往,利益联盟暴露或瓦解必将给企业带来重大经济损失,并影响企业在集团间的声誉和形象,投资者、消费者及劳动力和资本收益都会随之减少。所以环境信息披露机制改变了企业的利益动机,为实现一致性利益目标提供了制度保障。

（三）防止信息不对称造成政商非法联盟

信息披露机制就是借助于企业内部与外部的相关利益主体,对企业排污、治污情况进行监督,及时向公众进行企业环境信息披露。信息披露机制有效地防止了企业型利益群体利用信息不对称来规避政策监督,也是预防利益俘获行为的有效手段。

当信息不对称发生在规制机构与被规则者之间时，由于利益群体掌握着污染治理成本信息，规制者只了解治理污染的收益函数，即通过改善生产模式、引进先进治污设备、排污权交易等方式提高企业的治污能力。但利益群体有时会凭借专业技术人员的经验和先进的技术设备，精确地测算治污成本，再利用技巧性的谎报治污成本，从而有效规避政府管制，造成企业治污能力不足的假象，规制者就会采取减少排污税和增加排污许可证的数量等手段，引导市场型环境政策的运行。但这种情况一般限于实力比较雄厚的集团才有能力与规制者进行博弈。当信息不对称发生在地方政府与公众群体间时，谋取非公共利益的地方政府有时通过虚假信息来哄骗公众群体，误导公众的行为决策。现在伴随新媒体的广泛化，企业应及时披露环境信息，赋予公众群体更多的知情权、监督权。如呼和浩特市 2013 年启用的大气 PM2.5 监控设备，可以随时监控空气环境质量，并在环保局网站及时公布；地方环保机构能够对重点工业企业的生产运营情况进行实时、在线监控，因此就可以准确地获得每一时刻的排污量、浓度等关键指标。可见，在社会和权力的双重监督下，环境信息披露机制可以有效防止利益俘获行为的发生，避免政企非法联盟的形成。

四、加强环境督察制度，开启环保最严监管模式

自 2016 年至今，中央环保督察组用两年多的时间对全国三十一个省市的环境治理情况进行了一次地毯式的督察，以督企为表，督政为本，在党政同责的督察制度下，通过重点地区专项督察、机动督察、约谈、限批和挂牌督办的方式，对地方相关企业负责人、地方政府党政一把手、分管领导等一批官员进行严肃问责，必要时作出纪律处分。为严格环境违纪、压实环保责任，强化中央环保督察整改的严肃性，中央环保督察组对企业存在的环境违法行为践行“回头看”行动，严厉查处企业表面整改、整改不力、拒不整改等现象，提高地方党委、政府生态城市建设的重要性，加快了我国生态文明建设步伐。

五、强化环境信息公开制度

以落实“五公开”为抓手，进一步深化环境信息公开工作，完善环境信息公开目录体系，坚持公开为常态、不公开为例外，依法确定公开事项，完善政府信息依申请公开办理工作内部规程。[①] 围绕信息公开、在线服务、互动交流，不断优化完善环境保护部政府网站，加强网站大数据建设，完善搜索查询功能，力求内容更丰富、信息更全面、查找更便捷、界面更友好。充分发挥两微平台、中国环境报、环境保护部公报等多平台联动，互为补充的信息公开格局。积极推进“互联网＋政务服务”，实现信息互联共享和一站式办理，提升行政审批服务效能。加强重点排污单位环境信息公开平台建设，在省人民政府网络、公众号、两微公开重点、非重点排污单位自动监控数据，将监督范围扩大化、精准化，监督方式便捷化，并在政府网站设立“环境违法曝光台”专栏，促进事中、事后监管信息公开，接受公众监督。

第三节　健全经济性制度激励，提升企业参与生态建设的积极性

生态市建设中构建激励性制度体系的一个前提就是，总体效率优先下兼顾个体间公平，效率强调成本和收益核算，效率需要公平保障；公平强调利益分配的均衡化，公平要以效率为前提。激励性制度发挥作用的关键是市场经济能极大地带动主体在追逐经济利益的同时兼顾生态效益，市场经济是以契约的形式约束其成员的经济活动和社会生活，确保成员应履行的义务和承担的责任。经济性制度激励可以有效避免强制性制度整合的巨大成本负担和社会性整合的软约束效应，运用经济政策工具有效规范强势集团、弱势群体追逐利益目标的行为方式。

---

① 参见原环境保护部：《环境保护部2017年度政府信息公开工作报告》，http://www.mee.gov.cn/gkml/hbb/bgg/201803/t20180322_432857.htm。

一、完善环境政策工具体系

环境政策工具简单说就是试图解决环境问题所采取的政策措施，即通过管理、约束某种特定的环境行为而调节利益的一套规则或者说一套"约束"。[①] 我国的环境政策工具可以分为三类：命令—控制型、市场型及自愿型。命令—控制型适用于管制型政府模式，契约型适用于管理型政府模式，自愿型适用于服务型政府模式。生态市建设中要想实现对多元主体行动策略的引导，不能单独依靠其中的一种政策工具，需要在遵守政府环境政策法律、法规的前提下，通过排污权交易、污染者付费及征收环境税等市场机制来激励企业参与环境保护、控制污染排放的行为；还要借助非管制性的社区公众群体压力、环保组织压力来变向鼓励企业自愿、主动地参与生态市建设工程。

（一）环境政策工具的管理成本

环境政策工具的管理成本主要包括：①政府执行监督及管理的成本；②企业服从政府管理所需花费的成本；③通过监督、实施手段产生的间接成本，如对产品质量、生产率、投资及公民消费偏好等形成的负效应。命令—控制型政策工具以政府规定排污最大量，企业采取减排为手段，管理成本高且企业在服从过程中有效率损失的可能。市场型政策工具中政府规制成本较低，但一些税费的确定须花费大量成本；可交易许可证中环境治理的总成本降低，对企业的损害也相应减少，但对企业排污情况的监督和管理花费较多。自愿型政策工具依靠社会公众舆论影响力来规制政府、企业，监督成本低，但需要有健全的公民参与制度作保障，这一点将在后面予以介绍。下面先将命令—控制型、市场激励型政策工具的管制成本作一比较，如表7－1：

---

① 参见夏光：《环境政策创新——环境政策的经济分析》，中国环境科学出版社，2001年，第24页。

表7-1 政策工具管理成本比较

工具类型	成本类型	服从成本	监督成本	实施成本	间接成本	总成本
命令—控制型	基于技术的规制政策	高	低	高	高	高
	基于数量的规制政策	高	高	低	高	高
市场激励型	排污收费制度	低	低	高	中	低
	可交易许可证制度	低	高	低	低	低

最佳的环境政策工具应该使服从成本、行政成本及污染损害成本之和最小。从表7-1中可以看出,基于市场激励型的政策工具花费的成本相对较低,在管理企业行为过程中具有一定优势。市场激励型是有效调动企业型利益群体参与生态市建设的一项好政策,但它的实际效力发挥需要有健全的政府管理体制作支撑。我国政府对市场的管控模式在改革开放过程中塑造了一种强有力的政商联合,具体而言,就是地方政府与企业为了谋取自身利益最大化而结成利益联盟。地方政府为了地区经济、税收、就业、社会安定等因素,对企业的污染行为装聋作哑;当出现污染现象时,他们往往出于地方保护主义,对违规企业实行政策性保护,导致命令—控制型政策工具出现管制失灵。因此,政府监管体制薄弱严重影响了契约型、自愿型等非强制性工具的有效发挥。

政府为了保护环境所制定的相关法律、法规,目的是要纠正市场在解决环境外部性问题的无效性,市场的低效率或无效率是命令—控制模式存在的理论基础,但管制压力的存在也为自愿型协议的有效执行提供了保障。① 管制压力大,企业违规成本大于守法成本,就会主动配合加大污染物排放消减量,自愿型协议中订立的消减目标也会顺利完成;反之,政府环境管制体系形同虚设,企业就会利用非正规手段与地方政府拉近距离,以此规避违法行为,这样企业签订的自愿型协议也无法实现。所以完善政府环境管制模式,不仅可以避免政商非法联盟,影响企业参与生态市建设的行为方式;而

① 参见王惠娜:《自愿型环境政策工具在中国情境下能否有效?》,《中国人口资源与环境》,2010年第9期。

且也会影响经济型、自愿型政策工具的有效发挥。“若是没有约束，我们将生存在霍布斯主义的丛林中，也就不可能有文明的存在。”[①]政府环境管制体系是经济型、自愿型政策工具有效运作的基础保障。

二、优化市场型政策工具

生态市建设中市场型政策工具主要指，运用价格、税收、财政、信贷、收费、保险等经济手段，以市场经济规律为准绳，调节或影响相关利益主体的行为策略，以求达到经济利益与环境利益协调发展。它以内化环境行为的外部性为原则，对各利益主体进行基于环境资源利益的调整，从而建立保护和可持续利用资源环境的激励和约束机制。[②] 西方国家的市场型激励机制主要包括：环境税（费）、押金—返还机制、消减市场壁垒、降低政府补贴和可交易许可证机制。环境税从1980年以来得到了广泛推广，如污染税、能源税、生态附加税、资源税；其中污染税指针对废气、废水、固废征收的二氧化硫、氮氧化物、垃圾排放、危险废弃物税、电池税及噪声污染税等；能源税主要是针对开发、利用能源征收的税费，提供能源使用成本从而减少二氧化碳的排放；还有押金—返还制度应用于回收金属、塑料容器和玻璃瓶，在瑞典、英国、法国、芬兰等国家比较盛行，不仅防止了非法倾倒废弃物，而且还有利于废弃物分类回收；国外发达国家完善的法律基础、完善的证券交易市场和经纪人制度等市场条件、先进的技术条件也为排污权交易的有效执行提供了很好的技术支持，政府、公众都可以随时清楚地了解到周边环境中二氧化硫的排放状况。

在借鉴国外发达国家市场型政策工具灵活应用的基础上，优化我国当前契约型激励手段，应从以下四方面做起：首先，规范排污收费制度，排污费就是针对不同类型的污染物征收不同规格的消费税，目的是通过税收提高

---

① ［美］道格拉斯·C.诺斯：《经济史中的结构与变迁》，陈郁等译，上海人民出版社，1980年，第226页。

② 参见潘岳：《谈谈环境经济政策》，《求是》，2007年第20期。

污染产品价格,改变市场价格信号,影响消费者的消费行为,从而影响企业改变现有生产方式,减少对环境有害产品的生产。其次,提高环境资源使用费,加大污染者使用资源的交易成本,激励污染者保护生态资源;尽快确定我国环境税的征收范围、征收比例的规定,积极推广押金—返还制度及健全财政补贴范围、比例等方面,为集团间的生存及竞争提供优良的发展空间。税费共存是许多国家财政体制的共同特点,在环境保护方面即使开征环境税,也在今后一段时间内不可能取代所有的排污收费,两者互为补充、协调发展。税收具有固定性、强制性和无偿性,而收费具有灵活性、适度强制性和补偿性,两者对财政功能具有互补性,且二者在激励污染控制的适用范围上应有所侧重。[①] 再次,健全可交易许可证制度,允许企业间自由、平等交易,有效调整污染控制水平,防止企业间排污权的非法买卖。最后,构建绿色信贷机制。绿色信贷、绿色保险、绿色税收都是运用市场机制来激励企业主动治污的政策工具。优越的市场型激励机制为利益群体在完善的市场环境中平等竞争提供了保障,促使集团利益朝着与生态市建设一致性的方向发展。

三、健全市场化生态补偿制度

生态补偿制度是针对生态建设中存在利益受损,或利益相对受损的主体进行利益补偿。随着补偿主体的范围扩大化、补偿高标准化,以政府为主要资金来源的补偿机制与当前多元化的利益格局不相适应,造成经济上的低效率和环境损害,扩大了强弱式群体间的利益差距。因此,要引入市场化生态补偿制度,依靠市场自由资源配置功能,建立受益者付费制度。如在健全的生态法规政策保障下,在土地休耕、退耕还林中,土地相对生产率、租金价格要基于市场形成,报价低、收益高的企业项目才能够获批,激发企业项

---

① 参见闫杰:《环境污染规制中的激励理论与政策研究》,中国海洋大学2008年博士研究生毕业论文,第84页。

目建设的积极性。还有内蒙古鄂尔多斯亿利集团在生态市建设中，积极参与荒漠化防治，坚持技术创新，实现沙漠经济价值和生态价值的最大化，生产以甘草为主要原料的药品、发展库布其沙漠七星湖低碳旅游产业，采取利用清洁能源和沙漠生态碳汇相结合的举措，建设了“库布其清洁能源基地”。[①] 在市场型政策工具发挥效力的领域，政府的唯一职能就是为竞争者提供健全的法制监管，不能越位、缺位，引导企业在创造经济效益的同时兼顾生态效益。事实上，企业型利益群体凭借俘获地方政府来满足自身经济利益的成本是巨大的，而且收益存在风险性；当市场竞争机制健全、法制环境良好的情况下，企业愿意选择在自由竞争中获得利润收益。可见，提供完善的市场型激励机制，是有效整合企业型利益群体行动策略的关键因素，只有利益群体的利益目标与公共利益相一致时，才会获得政府的支持、公众的拥护。

第四节　完善公众协同治理机制，确保生态市建设高效性

生态市建设碎片化的公众群体、草根型的环保组织及小规模的企业都是生态市建设中容易被忽视的一部分重要主体，他们常常扮演政策的被动接受者，面对企业型利益群体和官僚组织的行为决策只能听之任之。生态市建设过程离不开目标群体的积极支持和配合，他们虽不像利益群体那样拥有着强大的资源储备可以寻求“利益保护伞”，但弱势群体的利益诉求不可忽视，尤其是处在互联网时代下的公民交互，对于生态市政策执行的成败起着关键性作用。国外生态城市建设中公众参与的形式逐渐由集会、游行、抗议为主的松散状态，转变为法律化、制度化的规范状态；公众参与的领域越来越广泛，从早期主要针对工业污染和政府环保职能缺位逐步发展为提高环境意识，改善个体和家庭的环境行为，倡导并践行绿色消费理念，积极参与相关政策决策等更高层次和更广泛的领域；非政府组织与政府的关系

---

① 参见沈亚平、王瑜：《机制导向的地方生态市建设》，《理论与现代化》，2014 年第 2 期。

也由依附型转变为自治型,在全球性的生态事件中以国际绿色和平组织、世界自然保护联盟、世界自然基金会等为代表的国际性环境保护非政府组织从侧面进行游说,并在他们自己召开的影子会议中形成三十多个条约来给政府施加压力,影响政策过程。[①] 公众参与本身就是一项保障弱势群体基本权益的扶助性政策,在借鉴国外公众参与经验的基础上,完善我国公众群体参与制度,应从完善公众参与的保障体系、规范公众的参与方式、壮大环保组织实力、积极构建公众自愿性生态治理制度四方面入手。

一、完善公众参与的保障体系

理查德·瑞杰斯特(Richard Register)在《生态城市伯克利:为一个健康的未来建设城市》中,介绍了有关城市规划、交通、能源、政策、经济和市民行为方面的相关政策措施。[②] 其中提高公众的生态意识就是规划内容的第一项,鼓励公众以社区为单位积极参与生态城市项目合作,监督政府、企业行为,如德国生态城市建设中的“公众合作伙伴项目”、阿德莱德的“以社区为主导”的生态规划项目。由此可见,生态市建设中引入公众参与机制,目的在于要赋权于民众,以便使人类发展涉及的各种利益相关者共同参与发展决策,并在其中拥有知情权和发言权。[③]

(一)完善公众参与的法律保障

保障性制度包括法律和政策,我国的一些与环境相关的法律早已明确了公众参与权的作用范围,如1989年第七届全国人大常务委员会第11次会议通过的《中华人民共和国环境保护法》第六条规定:“一切单位和个人都有

---

① 参见李艳芳:《公众参与环境影响评价制度研究》,中国人民大学出版社,2004年,第40~46页。

② 参见[美]理查德·瑞杰斯:《生态城市伯克利:为一个健康的未来建设城市》,沈清基、沈贻译,中国建筑工业出版社,2007年,第97页。

③ 参见[美]塞缪尔·亨廷顿:《变革社会中的政治秩序》,李盛平等译,华夏出版社,1988年,第92页。

保护环境的义务，并有权对污染和破坏环境的单位和个人进行检举和控告”[①]；《中华人民共和国环境影响评价法》第五条规定的：“国家鼓励有关单位、专家和公众以适当方式参与环境影响评价”[②]；与此同时，《环境信访办法》明确了环境信访人享有下列权利和义务：“检举、揭发、控告违反环境保护法律、法规和侵害公众合法环境权益的行为；对环境行政主管部门及其工作人员提出批评和建议，对污染防治工作提出意见和建议；检举、揭发环境保护行政主管部门工作人员的违纪、违法及失职行为；依法提出其他有关环境信访的事项。”[③]可见，法律规则早已赋予公民环境权，即享受美好环境中的生存权和参与环境管理的权利。

（二）组建环保信息公开平台，构筑环境治理共同体

法律制度层面已经赋予了公众参与权，但政策性保障层面还有待改善，如何将这些程序性权利转变为实体性权利，需要政府机关制定一些保障性的政策措施，为公众利益表达提供制度化的正规渠道，将碎片化的公众环境利益诉求进行有效整合，只有代表广大公众利益的政策才能得到公众群体的积极支持，也只有获得大多数公众支持的政策才能有效贯彻。例如，两微平台、政务互动平台、主流媒体等社交互动平台拉近了政府与社会大众的距离。互联网时代从技术上消除了等级，实现了公民与政府间平等的信息交流与利益互动。“十三五”时期政务信息化建设进入“集约整合、全面互联、协同共治、共享开放、安全可信”的新模式，为社会大众提供了一个可以双向互联互通、意见交流、信息共享、全景监督的实时、动态信息化平台，引导公民舆论方向，优化政策决策，鼓励政府、企业、公民及环保组织都主动参与到生态城市的建设与监督环节中，通过环境信息公开平台综合运用政府“有形之手”、企业“无形之手”和社会“监督之手”构筑环境治理共同体，助推生态城市建设进程。

---

① 全国人大常委会：《中华人民共和国环境保护法》，1989 年 12 月 26 日。

② 《中华人民共和国环境影响评价法》由中华人民共和国第九届全国人民代表大会常务委员会第 30 次会议于 2002 年 10 月 28 日通过，自 2003 年 9 月 1 日起施行。

③ 《环境信访办法》由原国家环境总局 2006 年第 5 次会议通过，于 2006 年 7 月 1 日起施行。

二、拓展制度化的参与途径

拓展制度化的参与途径,主要包括直接制度参与和间接制度参与。直接制度参与指生态市相关政策的决策允许公众通过听证、信访或咨询的方式,表达自己的权利和需求,有助于避免利益矛盾的发生,履行公众参与的实质性权利;间接参与是当前公众参与政府决策的主要方式,一般通过选举人大代表参与人民代表大会或人民政治协商会议的间接形式,参与有关生态市的政策过程,这种间接参与是公众群体中精英成员的利益表达,有时可以代表大多数公众的利益诉求,但这种方式有时受政策体制的影响不能充分地反映民意,只是一种程序性的参与方式,没有实质内容。可见,生态市建设中还是要以直接的制度化参与方式为主,真正、有效地将公众应该履行的权利发挥到位,将事后参与转化为事前参与,减少非制度化的公众参与事件的发生。健全行政听证制度就是直接参与的一项重要举措。

(一)健全公民听证制度

听证最初来源于"司法听证",指法律诉讼过程中要广泛听取利益相关者的意见,20 世纪初被应用于行政领域。本书中的听证指国家行政机关在制定某项行政决定前,允许政策涉及的利益相关者有发表意见和进行辩驳的权利,称为"行政听证"。行政听证是一个多方利益主体交流意见、表达利益需求的平台。某项决策措施只有在广泛收集信息资料的基础上,才能保证决策的科学性和民主性,避免信息不对称导致的决策失误。生态市建设中相关政策措施的制定要健全环保听证机制,听证范围具体包括:环保立法听证、环保行政许可听证、环保行政处罚听证,目的是化解利益主体间的利益矛盾或控制矛盾恶化。2004 年 6 月,由原国家环保总局审议后实施的《环境保护行政许可听证暂行办法》中第六条、第七条明确指出:"要对两类建设项目和十类专项规划实行环保公众听证。两类建设项目为:对环境可能造成重大影响、应当编制环境影响报告书的建设项目;可能产生油烟、恶臭、噪声或者其他污染,严重影响项目所在地居民生活环境质量的小型建设项目。

十类专项规划为：对可能造成不良环境影响并直接涉及公众环境权益的工业、农业、畜牧业、林业、能源、水利、交通、城市建设、旅游、自然资源开发的有关专项规划。”[①]2004年8月6日，原国家环保总局向社会公告，就颁布《排污许可条例》举行公众听证，针对相关污染物排污标准、排污限额等指标，允许相关的企业型利益群体和公众型利益群体积极参与，把彼此间的利益冲突摆在政策决策前进行讨论，避免后续政策不公或存在偏差，导致局部利益受益而其他主体利益受损的局面。如排污标准制定过高，使得企业执行成本大于预期收益，必然激起企业型利益群体采取政策“捷径”的方式寻求利润最大化；若排污标准制定过低，致使受损的公众环境利益大于地区增长的经济利益，政府决策失误面临行政处罚，公众基本环境权益受损只能将怨气迁怒于政府，加剧政社间的利益矛盾。举办《排污许可条例》听证会标志着我国环境立法听证制度的建立。可见，行政听证是一切政策过程中不可缺少的重要环节，它就是化解强弱式群体间利益矛盾和冲突的重要手段，也是生态市政策顺利执行的基础保障。

（二）完善公众参与监督制度

生态市建设中需要社会居民、消费者、环保组织的广泛参与，公众群体社会监督职能的有效发挥可以抑制强势集团势力的蔓延。这里强势利益群体（分利集团）的存在对于社会公共利益、经济发展、公众权益都有不利影响，主要表现在：“一是扰乱和破坏了人们对民主的组织机构及其制度的期望，并表露出它基本上对民主的不尊重；二是使政府变得无能，以关心管辖权限（由哪些采取行动的人做出决定）来代替关心正义（作“正当的事”），使政府道德败坏；三是它用非正式的讨价还价来反对正式程序，削弱了民主的组织机构及其制度。”[②]强势集团是强化行政垄断的产物，为了实现社会民主、消灭社会利益冲突、维护社会稳定必须对它们的行为进行控制，健全公众参与监督制度就是遏制非公共利益蔓延的重要手段。在生态市建设中，

---

① 原国家环境保护总局令第22号：《环境保护行政许可听证暂行办法》，2004年6月23日。

② [美]诺曼·奥恩斯坦：《利益集团、院外活动和政策制订》，潘同文、陈永易、吴艾美译，世界知识出版社，1981年，第22页。

政府和公众的目标应该是一致的、职能应该是互补的，公众参与能够在很大程度上缓解政府在这方面的关注与投入，填补政府监督不到位的空白，提高政府监督效率。政府可从提高公众环保参与意识、降低公众参与成本入手，增加公众参与途径来增强对其他主体的管理，发挥公众个人举报、媒体舆论监督、非政府环保组织的社会监督职能。这样不仅可以节省地方政府的监管成本，避免信息不对称带来的负面效应，也可以使公众群体获得权利满足感，以此激励他们选择能充分体现能动激励和自我激励的行动策略，确保生态市建设公平性。

非制度化的公众参与主要指公众群体事件、公众游行、示威等非正常手段的利益表达方式，它是制度化参与渠道不畅通的一种表现。尤其是当生态环境利益与企业经济利益发生摩擦时，如果制度化的公众参与途径不健全，公众为了维护应有的权利就会借助非制度化的参与途径与地方政府或利益群体进行对抗以维护自身权益。所以积极拓展制度化的参与途径不仅可以实现公众权利的真正履行，而且也可以遏制一些不法分子借用非制度化的公众参与来为他人谋取私利，避免利益冲突的升级。

三、健全环保组织自治性

环保组织是生态市建设中的一支主力军，之所以说它重要，原因在于它是协调政府、企业与公众间利益矛盾的重要力量。环保组织是“一些积极投身于环境保护事业的人”，这“一些人”可以避免若干精英人士参与政治过程，不能真实地反映多元化的意愿，而多数人参与的对话可能造成地方政府的无政府状态，不利于形成有效的公众利益表达，影响生态市建设进程。可见，由“一些人”构成的环保组织比碎片化的公众群体拥有强大的凝聚力、话语权和高效的行动影响力。他们凭借自身的优势，实现与政府组织或企业型利益群体进行有目的、有规则的利益博弈，主要表现为：环保组织作为公众群体的利益代表，可以与一切违背公共利益的行为进行对抗；在生态市建设过程中发挥政社利益沟通的桥梁作用；当涉及利益矛盾或冲突时，环保组织要发挥调解员的作用，与政府进行协商，将冲突化解或控制在小范围内，降低利益主体间的损失。那么如何发挥政府与公众间利益沟通的桥梁作用呢？

首先，一些环保组织由于资本、权力依附于精英组织，很可能在特定条件下通过资本注入或政治渗透成长为一个政治性利益群体，违背了自身的公共性利益诉求。因此，政府机构要对半官方的环保组织进行放权，给予其一定自主权，如人事权、财权和物权，在环保组织履行监督违规、违法行为时不受地方政府干预，将一些企业集团的真实污染情况及时曝光，遏制集团非法势力的蔓延。

其次，环保组织不能总寄生于地方政府的庇护下，要逐渐壮大自身的实力。当企业型利益群体的谋利行为侵犯到公共环境利益时，环保组织不能受制于非公共利益和某些外在压力的影响，由环境利益的保护者转变成物质性利益的追逐者。环保组织的一切行为策略都要以环境利益为驱动力，为了保证组织行动不偏离价值性利益认知，需要调动众多环保人士积极参与生态环保，壮大组织实力。例如，内蒙古阿拉善的阿拉善生态协会，它是由百余家企业领导人自由出资成立的草根型环保机构，机构规模相当庞大，来自社会各界不同领域的环保人士以公共利益聚集在一起，活动目标只在于维护公众的环境利益不受损害。之后，阿拉善生态协会还与其他环保组织构建合作项目，目的是通过组织间联合行动的手段揭露违规企业的污染行为，借助新媒体给地方政府造成舆论压力，希望地方政府能够积极参与到环保组织的行动中。西方发达国家的环境组织已具备了一定的社会影响力，甚至政治影响力，如“绿党”“生态党”“环境党”等，它们的成就与组织规模的壮大有着密切的联系。据统计，到 1992 年，美国共有 1 万多个各种各样的环境保护非政府组织，其中 10 个最大组织的成员从 1965 年的 20 万人增加至 1990 年的 720 万人。① 环境组织已经成长为一个具备一定实力的公共型利益群体，在政治、经济、社会、环境等领域与政府组织、利益群体进行均

---

① 参见周汉华：《外国政府信息公开制度比较》，法律出版社，2003 年，第 33 页。

衡化的利益互动,来维护自身利益目标。

最后,要积极发展地方政府组织与公众群体的沟通桥梁作用。这种桥梁的作用不仅表现为在地方政府与公众间传递信息,还表现为化解双方的不和谐因素,避免利益冲突的升级。环保组织本来就是由来自公众群体的"一些人"组合而成,这样的背景条件可以为他们提供及时、可靠的公众需求,从而在生态市建设过程中积极建言献策,影响政府政策的制定与执行,避免信息不对称导致的决策失误,实现政策过程科学化、民主化;环保组织也可以监督政策执行过程,预防、化解利益冲突。当企业逐利行为侵犯到公众基本生存权益时,环保组织会充当公众利益的代言人与企业和政府组织进行调和,避免非制度化的公众参与事件的发生,影响社会安定。总之,环保组织就是一个环境利益的维护者,所有行动策略都要以公共环境利益为动机才是组织生存的根本宗旨。

四、构建公众自愿性生态治理制度

公众自愿性生态治理指在环境信息手段的辅助下,公众通过自愿协议的方式建立起政府与企业、企业与企业、企业与其他组织之间基于生态治理的行动承诺,从而促进企业改进环境行为,改善环境质量的制度体系。自愿性生态治理制度的特征表现为:①自愿性。它不是靠法律或其他强制性措施来驱动的,而是凭借环境意识、生态伦理、社会共识等意识形态因素所推动。②交易成本较低。需要经过多次协商达成的制度制定成本较高,其余的政府监督、实施成本及企业的遵循成本都相对较低。③灵活性和实用性。在生态市建设中,在环境问题上引发的很多纠纷难以用常规的法律、行政或经济手段解决,需要基于协商谈判的模式,兼顾参与各方的利益和具有较大的灵活性,可能最具实用性。

自愿性生态治理制度的实施确实能够增强企业和消费者关于达到生态保护的能动性和责任感,促进企业更多地参与污染减排活动,使其行为更好地适应环境、经济、社会的可持续发展。自愿性生态治理制度分为三类:①

公共自愿性环境协议:政府部门制定环境承诺计划,并邀请单个企业自愿参与,作为回报,企业会得到来自政府的技术支持或声誉激励。②谈判或协商自愿性环境协议:政府部门、企业或行业通过谈判或协商,制定环境目标和实现目标的手段等达成协议。③单边自愿性环境协议:企业或行业自主发起的改善环境绩效的公共承诺,通常没有政府部门参与。[①] 由于是主体间自愿达成的协议,因而各主体都具备很强的自律意识,对于企业行为的监管,政府也不需要花费太多精力,其他主体就会自愿、及时履行监督职责,对违背协议的行为进行处罚。

自愿性生态治理制度的建立是以"自我管制"为前提的。在中国政府监管体制相对薄弱,极有可能出现企业违规行为,且惩罚成本很小,违约收益却很可观的现象,那么追求经济利益最大化的企业就会违反协议。所以自愿协议如果没有信息公开、监督机制及惩罚机制为先决条件,那么这样的自愿性治理制度就会演化为企业、政府自我宣传的幌子,制度的有效性将会大大降低。

---

① 参见张鳗:《环境规制约束下的企业行为》,经济科学出版社,2006年,第190页。

结 论

一、主要内容

本书综述了国内外生态市的研究文献及实践情况，发现关于生态城市的研究大多集中于生态学、环境规划学及环境经济学领域。公共政策领域关于生态市建设的研究多以规范政府行为、优化政府体制、明确政府职责为手段，强调政府从管理体制、组织机构及规章制度等体制内部要素入手，来优化生态市建设路径。这种经验性的现象描述方法对于防止生态市建设中主体间利益矛盾、冲突的发生有时收效甚微。

生态市建设中暴露出的诸多问题，如政府职能错位问题、企业逃避社会责任、政商非法联盟、环保组织“选择性失语”致使公信力下降、公众群体非制度化利益表达事件层出不穷，各种利益主体行为方式扭曲、偏离公共利益方向，阻碍了生态市建设的顺利执行。利益问题已成为制约生态市建设的首要问题。因此，笔者以利益分析为视角，通过构建“利益认知、资源条件、利益激励”的研究框架，对偏离生态市建设目标的主体行为进行深入分析，并将其各自情况总结为表 8－1。最后通过调整利益激励制度体系，促使各方主体在权衡各自利益得失后，合理运用自身资源，选择更符合公共利益的主体利益实现方式，从而推动生态市建设顺利执行。

表8－1　内蒙古生态市建设中多元利益主体的行动策略

影响因素 / 利益主体	利益认知	资源条件	利益激励	行为策略	对生态市的影响
地方政府	政府利益扩张化	公权力、公共资源	政治锦标赛、财政分权、环境权监督制度弱化	基层政府与利益群体结盟欺瞒上级政府，地方政府机构间的利益制衡	消极
	双重利益驱动	公权力、公共资源	政绩考核制度约束	与公众群体联盟，运用公众影响力牵制强势集团势力的扩张；基于公共利益目标下与公众群体的积极联盟	消极、积极
大型垄断企业	政治、经济利益最大化	政治地位、经济支撑、信息优势及社会影响力	公开信息披露制度弱化对环境安全的监管制度缺位	大型垄断企业政治游说上层精英组织，利益俘获对环保机构形成压力型体制	消极
中型企业集团	追求“良好社会声誉”与经济利益共赢	经济支撑、信息优势及社会影响力	经济性激励制度不足	中型企业俘获地方官僚以规避环保组织	消极
小型企业群体	经济利益至上	资源条件不充足	利益表达功能受限	上有政策、下有对策	消极
环保组织	公共环境利益至上	人力资源、物资资源、信息资源和权威资源	提升环保组织公信力，壮大实力	与政府机构形成良性互动：基于职能互补的合作型博弈	积极
				与非公共利益代表者形成竞争性利益关系	积极
	组织利益	资金需求、专业技术人员需求	化解环保组织“合法性困境”	与非公共利益者结成消极联盟，出现策略困境、“选择性失语”等行为；	消极

续表

影响因素 利益主体	利益认知	资源条件	利益激励	行为策略	对生态市的影响
公众群体	公众环境利益最大化	公众舆论影响力	完善公民参与制度维护自身基本权益	基于平等利益互换下的互惠合作	积极
	维护个人基本权益	公众舆论影响力	利益表达与利益补偿制度缺位	群体性事件、“大闹”事件、游行、示威等	消极
	狭隘的个人经济财富最大化	政治利益、经济利益	追逐狭隘的个人私欲	不作为	消极

二、主要结论

(1)国内外对于生态市建设理论、实践的研究已初具规模,使得生态市建设理论不断深入。但对于生态市建设中利益主体的行动策略分析还相对缺乏,说明生态城市的理论研究还需进一步深入。事实上,任何一项政策的执行都离不开执行者、目标群体等人的因素,生态市建设中遇到的诸多问题都与相关利益主体的行动策略有着密切联系。可见,对政策执行主体、目标群体的行为分析,是深入认识生态市建设执行阻滞的一个不可或缺的方面,主体行为对于生态市建设的成效有着决定性的影响。因此,要系统地探讨阻滞生态市建设的内在机理,必须对生态市建设中的三大类主体:地方政府、企业型利益群体、公众型利益群体的行动策略进行细致分析。

(2)利益分析视角下生态市建设就是多元主体基于公共利益分配,彼此间形成的利益互动过程,如何引导主体的行为方式不偏离生态市建设的政策目标,就需要从各方主体的“利益认知、资源条件、利益激励”三方面,对内蒙古生态市建设中主体行动策略进行梳理,并分析行动结果对生态市建设产生的影响(积极或消极)。其中利益认知是诱导主体做出行为的动机因素,资源条件是主体间进行利益交互的筹码,利益激励可以看作激励主体做出行动的客观因素，而制度是其发挥预期效用的主要手段。“利益认知、资源条件及利益激励”影响主体行动策略的研究框架，对于归纳主体行动规律性，有效化解生态市建设中的利益矛盾、冲突，避免生态市建设陷入困境等方面起到积极推动作用。

（3）对于公共政策中主体行动的研究，很多学者以公共选择理论为前提假设，推断地方政府和企业一样具有理性经济人属性。本书中的利益分析理论是以“比较利益人”为前提假设，认为生态市建设中的利益主体具备社会关系、自然属性，使得它们在做出行动策略时要进行多重利益的权衡、比较，利益目标不只是简单的公共利益或私人利益，而是处于经济人与公利人之间的“比较利益人”。正确的人性假设是构建合理化制度体系的前提和基础。

（4）从表8－1可以看出，主体的利益认知有时候产生偏差，出现盲目追逐个人私利的观念意识，这与主体本身需求、价值观、自身能力、素质、心理承受力有关联，这些因素共同影响利益主体对政策的认知态度，这种主体性特征直接导致了主体在政策认知过程中可能会存在主观局限性，如片面认为生态市建设就是环境保护、扭曲生态市建设政策初衷、误解生态市建设的根本意图等。这些政策认同障碍的产生除了与主体的利益认知缺陷有关外，还与外在制度体系不健全，如政府公信力缺失、政策本身存在不合理、监管职能缺位等诸多制度因素相关，它们逐步让主体产生了一种不信任、不认同的主观感受，从而影响主体对生态市政策的理解和判断力。

资源条件是主体本身具有的可以用作利益交换的筹码。生态市建设中资源条件的分配很明显，地方政府、企业型利益群体都享有着丰富的资源供给，小型企业群体、环保组织、公众群体资源相对匮乏。在利益激励体系不完善的影响下，那些资源不足的弱势群体与一些资源充足的组织、集团间的利益互动必然处于失衡状态，阻碍生态市建设。主体行为更是一个关于制度的函数。主体利益目标的实现只有在特定的制度条件下方可实现。制度的缺失使得主体行动扭曲、偏离公共利益方向，原因在于如果没有制度约束，利益主体都会以“理性经济人”为动机引导行动策略。因此，只有将主体行为与制度因素相结合，才能从深层次发掘导致不同主体行为偏离公共利益方向的根本原因,从而调整利益激励条件建立和完善相应制度体系,来引导主体选择更符合公共利益的利益实现方式,推动生态市建设。

（5）如何构建合理的利益激励制度体系引导主体行为,关键在于制度为人们的行动确立了一套激励规则和奖惩办法,制度结构的变化必然引起人们利益得失的变化。因此,在新的制度环境下,人们需要重新计算、比较成本、收益后方可制定出最优策略。这一点也说明了主体行为不都是以个人经济利益最大化为目标的。所以本书从完善环境法激励体系、健全政府管理体制、健全经济性制度激励及完善公众参与制度四方面来构建激励性制度体系,通过建立和完善制度来改变各方主体的预期收益,以此引导它们选择更符合公共利益的主体行为策略,促成生态市建设顺利执行。

附　录

表9－1　生态市建设指标考核体系

	序号	名称	单位	指标	说明
经济发展	1	农民年人均纯收入	元/人		约束性指标
		经济发达地区		≥8000	
		经济欠发达地区		≥6000	
	2	第三产业占国内生产总值比例	%	≥40	参考性指标
	3	单位国内生产总值能耗	吨标煤/万元	≤0.9	约束性指标
	4	单位工业增加值新鲜水耗	m^3/万元	≤20	约束性指标
		农业灌溉水有效利用系数		≥0.55	
	5	应当实施强制性清洁生产企业通过验收的比例	%	100	约束性指标
生态环境保护	6	森林覆盖率	%		约束性指标
		山区		≥70	
		丘陵地区		≥40	
		平原地区		≥15	
		高寒区或草原区林草覆盖率		≥85	
	7	受保护地区占国土面积比例	%	≥17	约束性指标
	8	空气环境质量	—	达到功能区标准	约束性指标

续表

	序号	名称	单位	指标	说明
	9	水环境质量	—	达到功能区标准,且城市无劣Ⅴ类水体	约束性指标
		近岸海域水环境质量			
	10	主要污染物排放强度	千克/万元(GDP)	<4.0	约束性指标
		化学需氧量(COD)		<5.0	
		二氧化硫(SO_2)		不超过国家总量控制指标	
	11	集中式饮用水源水质达标率	%	100	约束性指标
	12	城市污水集中处理率	%	≥85	约束性指标
		工业用水重复率		≥80	
	13	噪声环境质量	—	达到功能区标准	约束性指标
	14	城镇生活垃圾无害化处理率	%	≥90	约束性指标
		工业固体废物处置利用率		≥90 且无危险废物排放	
	15	城镇人均公共绿地面积	m^2/人	≥11	约束性指标
	16	环境保护投资占国内生产总值的比重	%	≥3.5	约束性指标
社会进步	17	城市化水平	%	≥55	参考性指标
	18	采暖地区集中供热普及率	%	≥65	参考性指标
	19	公众对环境的满意率	%	>90	参考性指标

数据来源:《生态县、生态市、生态省建设指标(修订稿)》,原环发〔2007〕195号,2007年12月26日。

表 9－2 呼和浩特市创建国家环境保护模范城市考核指标完成情况

<table>
<tr><th>序号</th><th>考核指标</th><th>指标要求</th><th>2008 年</th><th>2009 年</th><th>2010 年</th><th>2011 年</th><th>达标情况</th></tr>
<tr><td colspan="8">一、基本条件</td></tr>
<tr><td rowspan="3">1</td><td rowspan="3">按期完成国家和省下达的主要污染物总量控制任务</td><td rowspan="3">按期完成国家和省下达的 COD 和二氧化硫总量削减任务,达到环保部、省考核要求</td><td colspan="3">COD“十一五”累计消减 1.838 万吨,完成任务的 111.5%</td><td rowspan="2">完成“十二五”年均进度指标</td><td rowspan="3">达标</td></tr>
<tr><td colspan="3">二氧化硫“十一五”累计消减 6.2287 万吨,完成任务的 116.6%</td></tr>
<tr><td colspan="4">达到国家及自治区的考核要求</td></tr>
<tr><td>2</td><td>无重大、特大环境事件</td><td>近 3 年,市域内未发生或引发重大以上环境事件,前一年未有重大违法案件、曝光案件无重大辐射事故。近 3 年制定市域内突发环境事件综合应急预案并定期进行演练,建立突发环境事件应急响应机构和信息报送系统,有固定经费、应急设备和队伍,纳入城市突发事件应急预案系</td><td colspan="4">近 3 年未发生重大、特大环境污染和生态破坏事故,前一年无重大违反环保法律法规的案件;成立“呼和浩特市环境突发事件应急机构”,颁布《突发环境事件应急预案》,每年组织开展应急演练</td><td>达标</td></tr>
<tr><td rowspan="2">3</td><td rowspan="2">城市环境综合整治定量考核</td><td rowspan="2">近 3 年城市环境综合整治定量考核连续 3 年名列本省(区)前 5 名。</td><td>全区第一</td><td>全区第一</td><td>全区第一</td><td>全区第一</td><td rowspan="2">达标</td></tr>
<tr><td>93.9 分</td><td>97.63 分</td><td>100.19 分</td><td>98.63 分</td></tr>
</table>

续表

序号	考核指标	指标要求	2008年	2009年	2010年	2011年	达标情况
二、考核指标							
4	人均可支配收入；环境保护投资指数	近3年城镇居民人均可支配收入高于10000元,西部城市高于8500元	20267	22397	25174	28877	达标
		近3年每年环境保护投资指数≥1.7%。	1.86	2.11	1.88	1.86	
5	规模以上单位工业增加值能耗	规模以上单位工业增加值能耗近3年逐年降低或小于全国平均水平	4.30吨标煤/万元	3.96吨标煤/万元	3.72吨标煤/万元	3.61吨标煤/万元	逐年降低、达标
6	单位GDP用水量	单位GDP用水量近3年逐年降低或小于全国平均水平	20.82立方米/万元	17.03立方米/万元	15.22立方米/万元	13.96立方米/万元	逐年降低、达标
7	万元工业增加值主要污染物排放强度,近3年逐年下降	万元工业增加值废水排放强度(吨/万元)	7.192	4.874	4.733	4.068	逐年下降、达标
		万元工业增加值COD排放强度(吨/万元)	0.00110	0.00050	0.00049	0.00043	
		万元工业增加值烟尘排放强度(吨/万元)	0.004	0.0026	0.0025	0.0023	
		万元工业增加值二氧化硫排放强度(吨/万元)	0.0197	0.0152	0.0143	0.014	
8	空气质量	全年达到二级标准的天数占全年天数的比例(%)	93.17	94.79	95.62	95.07	达标
		主要污染物年平均浓度值达到国家二级标准	全部达标	全部达标	全部达标	全部达标	

续表

序号	考核指标	指标要求	2008 年	2009 年	2010 年	2011 年	达标情况
9	集中式饮用水水源地水质	集中式饮用水水源地水质达标率达到 100%	达标	达标	达标	达标	达标
10	城市水环境功能区水质	水环境功能区水质达标	市辖区水功能区水质达到水体环境功能要求				达标
		市域跨界断面出境水质达标	黄河出境断面水质达标				
11	区域环境噪声平均值	区域环境噪声平均值≤60dB(A)	54.6	54.4	54.4	54.6	达标
12	交通干线噪声平均值	交通干线噪声平均值≤70dB(A)	69.5	69.5	69.0	69.3	达标
13	建成区绿化覆盖率	建成区绿化覆盖率≥35%	35.14	35.45	35.69	36.00	达标
14	城市生活污水集中处理率	城市生活污水集中处理率≥80%	59.10	73.8	95.99	95.50	达标
15	重点工业企业	污染物排放稳定达标	重点工业企业实行严格环境监管,工业企业污染物排放口自动监控率达到要求,工业企业全部开展排污申报登记,重点工业企业污染物排放稳定达标				达标
16	城市清洁能源使用	城市清洁能源使用率≥50%	50.18	51.83	53.23	57.45	达标
17	机动车环保定期检验	机动车环保定期检验率≥80%	80.02	80.10	80.12	80.10	达标
18	生活垃圾无害化处理	生活垃圾无害化处理率≥85%	95.18	95.20	97.88	97.99	达标

续表

序号	考核指标	指标要求	2008 年	2009 年	2010 年	2011 年	达标情况
19	工业固体废物处置利用	工业固废处置利用率≥90%	90.34	92.73	93.70	93.97	达标
20	危险废物依法安全处置	危险废物处置利用率100%	险废物全部依法安全处置。				达标
21	环境保护目标责任制落实，制定创模规划并分解实施；实行环境质量公告制度；重点项目落实	环境管理目标责任制落实到位，环境指标已纳入党政领导干部政绩考核，制定创模规划并分解实施，实行环境质量公告制度，国家重点环保项目落实率≥80%	环保目标责任制落实到位，环境指标纳入党政领导干部政绩考核，环境质量公告制度得以落实，坚持按期发布环境状况公报，国家重点环保项目落实率达到88.88%。				达标
22	建设项目依法执行“环评”“三同时”依法开展规划环境影响评价	建设项目“环评”“三同时”、规划“环评”执行率达到考核要求	建设项目全部依法执行“环评”与“三同时”制度，规划“环评”全面执行到位				达标
23	环境保护机构建制，环境保护能力建设	环保机构独立建制、环保能力建设达到国家标准化建设要求	环保机构独立建制、环保能力建设达到国家标准化建设要求				达标

续表

序号	考核指标	指标要求	2008 年	2009 年	2010 年	2011 年	达标情况
24	公众对城市环境保护的满意率	公众对城市环境保护的满意率≥80%	85.50	85.67	80.61	80.00	达标
		主流媒体开设创模专栏，城市内有充分的宣传标语和广告，时间不少于 1 年；创建绿色社区、学校，创建生态示范区、环境优美乡镇、生态工业园区	有 2 年以上时间的宣传标语和广告主流媒体宣传专栏，创建各级绿色社区 34 处、学校 68 所、生态村镇 8 个				
25	中小学环境教育普及率	中小学环境教育普及率≥85%	93.20	94.35	95.60	96.00	达标
		全市有统一的中小学环境教育专题教材，并正式纳入到地方课程	已落实统一教材，并纳入课程				
		每学年环境教育 12 课时以上，绿色学校要求全部开设环境教育课程	保证每学年 12 课时以上、绿色学校全部开设环境教育课程				
26	城市环境卫生工作，城乡结合部及周边地区环境管理	获得国家卫生城市或者省级卫生城市称号，并向全国爱卫会推荐申报国家卫生城市，市容卫生达标	取得自治区卫生城称号，已向全国爱卫会推荐申报国家卫生城市，开展城乡结合部及周边地区环境综合整治，市容卫生达到《城市容貌标准》				达标

数据来源：《2008—2011 年呼和浩特市创建国家环境保护模范城市考核指标完成情况》，呼和浩特市原环境保护局，2012 年 12 月 23 日。

参考文献

一、著作类

1. [美]埃莉诺·奥斯特罗姆:《公共事务的治理之道:集体行动制度的演讲》,徐逊达、陈旭东译,上海译文出版社,2012 年。

2. [美]安东尼·唐斯:《官僚制内幕》,郭小聪译,中国人民大学出版社,2006 年。

3. [捷]奥塔·锡克:《经济—利益—政治》,王福民、王成、沙吉才译,中国社会科学出版社,1984 年。

4. [法]埃哈尔·费埃德伯格:《权力与规则——组织行政的动力》,张月等译,上海人民出版社,2008 年。

5. [美]保罗·R. 伯特尼、罗伯特·N. 斯蒂文斯:《环境保护的公共政策》,穆闲清、方志伟译,上海人民出版社,2006 年。

6. [美]戴维·H. 罗森布鲁姆、罗伯特·S. 克拉夫丘克:《公共行政学:管理、政治和法律的途径》,成福等译,中国人民大学出版社,2002 年。

7. [美]戴维·奥斯本、特德·盖布勒:《改革政府》,周敦仁等译,上海译文出版社,2006 年。

8. [美]戴维·杜鲁门:《政治过程——公共利益与公共舆论》,陈尧译,天津人民出版社,2005 年。

9. [美]戴维·伊斯顿:《政治生活的系统分析》,王浦劬主译,人民出版社,2012 年。

10.［美］盖伊·彼得斯:《美国的公共政策——承诺与执行》,顾丽梅、姚建华等译,复旦大学出版社,2008 年。

11.［英］洛克:《政府论》(上篇),瞿菊农、叶启芳译,商务印书馆,1982 年。

12.［英］洛克:《政府论——论政府的真正起源、范围和目的》(下篇),叶启芳、瞿菊农译,商务印书馆,1996 年。

13.［印］克里希那穆提:《自然与生态》,凯锋译,学林出版社,2007 年。

14.［法］卢梭:《社会契约论》,李平沤译,商务印书馆,2011 年。

15.［美］理查德·瑞杰斯特:《生态城市伯克利:为一个健康的未来建设城市》,沈清基、沈贻译,中国建筑工业出版社,2005 年。

16.［英］迈克·希尔、［荷］彼特·休普:《执行公共政策》,黄建荣等译,商务印书馆,2011 年。

17.［美］曼瑟尔·奥尔森:《集体行动的逻辑》,陈郁、郭宇峰、李崇新译,上海三联书店、上海人民出版社,1995 年。

18.［美］乔治·雷德里克森:《公共行政的精神》,张成福译,中国人民大学出版社,2003 年。

19.［美］汤姆·齐格弗里德:《纳什均衡与博弈论》,洪雷、陈玮、彭工译,北京工业出版社,2013 年。

20.［美］特里·L. 库伯:《行政伦理学:实现行政责任的途径》,张秀琴译,中国人民大学出版社,2010 年。

21.［美］约翰·W. 金登:《议程、备选方案与公共政策》,丁煌、方兴译,中国人民大学出版社,2004 年。

22.［美］詹姆斯·汤普森:《行动中的组织——行政理论的社会科学基础》,敬乂嘉译,上海人民出版社,2007 年。

23. 陈水生:《中国公共政策过程中利益集团的行为策略》,复旦大学出版社,2012 年。

24. 陈庆云:《公共政策分析》,北京大学出版社,2006 年。

25. 陈玲:《制度、精英与共识:寻求中国政策过程的解释框架》,清华大学出版社,2011年。

26. 曹堂哲:《公共行政执行的中层理论——政府执行力研究》,光明日报出版社,2012年。

27. 刘燕:《西部地区生态建设补偿机制及配套政策研究》,科学出版社,2007年。

28. 范俊玉:《区域生态治理中的政府与政治与公共治理研究文库》(第五辑),广东人民出版社,2011年。

29. 贾西津:《公共政策的公众参与——以环保NGO参与公共工程决策为例,中国公众参与案例与模式》,社会科学文献出版社,2008年。

30. 金东日:《现代组织理论与管理》,天津大学出版社,2010年。

31. 韩俊:《中国草原生态问题调查》,上海远东出版社,2011年。

32. 李允杰、丘昌泰:《政策执行与评估》,北京大学出版社,2008年。

33. 罗勇、曾晓菲:《环境保护的经济手段》,北京大学出版社,2002年。

34. 卢现祥:《西方新制度经济学》,中国发展出版社,2003年。

35. 李亚:《利益博弈政策实验方法:理论与应用》,北京大学出版社,2011年。

36. 莫勇波:《公共政策执行中的政府执行力问题研究》,中国社会科学出版社,2007年。

37. 凌欣:《环境法视野下生态省建设的理论与实践研究》,法律出版社,2011年。

38. 朴光洙:《环境法与环境执行》,中国环境科学出版社,2008年。

39. 施从美、沈承诚:《区域生态治理中的府际关系研究》,广东人民出版,2011年。

40. 沈亚平:《公共行政学》,天津人民出版社,2005年。

41. 沈满洪、蒋国俊:《绿色制度创新论》,中国环境科学出版社,2005年。

42. 沈满洪:《资源与环境经济》,中国环境科学出版社,2007年。

43. 宋煜萍:《生态型区域治理中地方政府执行力研究》,人民出版社,2014年。

44. 谢识予:《经济博弈论》,复旦大学出版社,2012 年。

45. 郇庆治:《环境政治国际比较》,山东大学出版社,2007 年。

46. 郇庆治:《环境政治学:理论与实践》,山东大学出版社,2007 年。

47. 王伟光:《利益论》,人民出版社,2001 年。

48. 王春福:《有限理性利益人于公共政策》,中国社会科学出版社,2008 年。

49. 王佃利:《城市治理中的利益主体行为机制》,中国人民大学出版社,2009 年。

50. 严法善、刘会齐:《环境利益论》,复旦大学出版社,2010 年。

51. 朱光磊:《当代中国政府过程》,天津人民出版社,2008 年。

52. 周国雄:《博弈:公共政策执行力与利益主体》,华东师范大学出版社,2008 年。

53. 张劲松:《生态型区域(苏南)治理中的政府责任——政治与公共治理研究文库》(第五辑),广东人民出版社,2011 年。

54. 张国庆:《公共行政学》,北京大学出版社,2007 年。

55. 朱春奎等:《政策网络与政策工具:理论基础与中国实践》,复旦大学出版社,2011 年。

56. 张振华:《利益群体与政府角色》,南开大学出版社,2011 年。

57. 张建伟:《政府环境责任论》,中国环境科学出版社,2008 年。

58. 张维迎:《博弈与社会》,北京大学出版社,2003 年。

二、论文类

1. 宝鲁:《内蒙古改革开放 40 年生态环境保护与建设历程》,《北方经济》,2018 年第 9 期。

2. 陈庆云、鄞益奋:《论公共管理的利益分析方法》,《中国行政管理》,2005 年第 5 期。

3. 陈易:《生态城市的理论与探索》,《建筑学报》,1997 年第 4 期。

4. 陈国阶:《生态市建设的若干理论探讨》,《中国人口、资源与环境》,2004 年第 4 期。

5. 程浩:《中国利益集团多元化发展探析》,《求实》,2006 年第 4 期。

6. 丁煌、定明捷:《“上有政策、下有对策”——案例分析与博弈启示》,《武汉大学学报》(哲学社会科学版),2004 年第 6 期。

7. 丁煌:《利益分析:研究政策执行问题的基本方法论原则》,《广东行政学院学报》,2004 年第 3 期。

8. 杜勇:《我国资源型城市生态文明建设评价指标体系研究》,《理论月刊》,2014 年第 4 期。

9. 范例、刘德绍、陈万志:《环境保护利益博弈分析与实证——以长寿湖渔业养殖污染防治为例》,《四川环境》,2007 年第 5 期。

10. 高建华:《影响公共政策有效执行之政策目标群体因素分析》,《学术论坛》,2007 年第 6 期。

11. 惠平福:《社会主义改革中的利益集团初探》,《唯实》,1989 年第 4 期。

12. 黄卫平:《中国社会利益集团研究》,《战略与管理》,2003 年第 4 期。

13. 洪远朋、高帆:《关于社会利益问题的文献综述》,《社会科学研究》,2008 年第 2 期。

14. 洪远朋、陈波:《改革开放三十年来我国社会利益关系的十大变化》,《马克思主义研究》,2008 年第 9 期。

15. 胡朝阳、余庆东:《政治哲学视域下的公共利益概念研究》,《苏州大学学报》(哲学社会科学版),2009 年第 1 期。

16. 刘银喜、任梅:《生态补偿机制中优化开发区和重点开发区的角色分析——基于市场机制与利益主体的视角》,《中国行政管理》,2010 年第 4 期。

17. 刘祖云:《政府间关系:合作博弈与府际治理》,《学海》,2007 年第 1 期。

18. 刘伟忠:《利益集团政策参与的均衡性探究》,《理论探讨》,2006 年第 4 期。

19. 林黎付、彤杰:《我国生态补偿政策介入的必要性及模式分析》,《经济问题探索》,2011 年第 11 期。

20. 李健:《规制俘获理论评述》,《社会科学管理与评论》,2012 年第 1 期。

21. 李欣:《政治社会学视野下的大众媒介与利益表达,《新闻理论》,2013 年第 1 期。

22. 李奇伟:《从科层管理到共同体治理:长江经济带流域综合管理的模式转换与法制保障》,《吉首大学学报》(社会科学版),2018 年第 6 期。

23. 龙先琼:《1949 年以来我国生态建设战略的历史演变》,《吉首大学学报》(社会科学版),2017 年第 4 期。

24. 苗贵安:《利益集团视角下的行业协会》,《湖北社会科学》,2006 年第 9 期。

25. 马小明、赵月炜:《环境管制政策的局限性与变革——自愿型环境政策的兴起》,《中国人口、资源与环境》,2005 年第 6 期。

26. 马世骏:《生态规律在环境管理中的作用》,《环境科学学报》,1981 年第 1 期。

27. 毛显强、钟瑜、张胜:《生态补偿的理论研究》,《中国人口资源与环境》,2002 年第 4 期。

28. 任雪婷:《我国环境税收政策的实践与展望》,《财会研究》,2009 年第 6 期。

29. 陶克菲:《生态建设新指标促节能减排——解读〈生态县、生态市、生态省建设指标〉》,《环境教育》,2008 年第 2 期。

30. 宋姣姣、王丽萍:《环境政策工具的演化规律及其对我国的启示》,《湖北社会科学》,2011 年第 5 期。

31. 宋玉波:《关于西方国家利益集团的政治功能分析》,《求实》,2004 年第 7 期。

32. 史玉成:《环境保护公众参与的现实基础与制度生成要素——对完善我国环境保护公众参与法律制度的思考》,《兰州大学学报》,2008 年第

1 期。

33. 史玉成:《环境利益、环境权利与环境权力的分层建构——基于法益分析方法的思考》,《法商研究》,2013 年第 5 期。

34. 孙永怡:《强势利益集团对公共政策过程的渗透及其防范》,《中国行政管理》,2007 年第 9 期。

35. 邢乐勤、顾艳芳:《中国利益集团政治参与的特点分析》,《浙江学刊》,2010 年第 2 期。

36. 肖文涛:《论市场经济条件下的利益分化与利益协调》,《福建论坛》(经济社会版),1995 年第 1 期。

37. 徐现祥、王贤彬、舒元:《地方官员与经济增长——来自中国省长、省委书记交流的证据》,《经济研究》,2007 年第 9 期。

38. 徐庆利:《解析政策制定中利益集团与精英政治的博弈》,《大连海事大学学报》(社会科学版),2010 年第 1 期。

39. 吴庆:《公共选择还是利益分析——两种公共管理研究途径的比较》,《北京师范大学学报》(社会科学版),2007 年第 5 期。

40. 王佃利、王桂玲:《城市治理中的利益整合机制》,《中国行政管理》,2007 年第 8 期。

41. 王颖、李克国、张俊安:《生态市建设规划及综合效益分析——以秦皇岛市为例分析》,《生态经济》(学术版),2008 年第 2 期。

42. 王洛忠:《试论公共政策的公共利益取向》,《理论探讨》,2003 年第 2 期。

43. 王晓林、谢金林:《利益均衡:和谐社会构建的基本途径》,《江西社会科学》,2007 年第 5 期。

44. 王文辉:《利益分析——政治学的新视角》,《贵州师范大学学报》(社会科学版),1996 年第 3 期。

45. 王少剑、方创琳、王洋:《中国低碳生态新城新区》,《地理研究》,2016 年第 9 期。

46. 王旭、秦书生:《习近平生态文明思想的环境治理现代化视角阐释》,

《重庆大学学报》(社会科学版),2019 年第 7 期。

47. 温东辉、陈吕军、张文心:《美国新环境政策模式:自愿型伙伴合作计划》,《环境保护》,2003 年第 7 期。

48. 于良春、黄进军:《环境管制目标与管制手段分析》,《理论学刊》,2005 年第 5 期。

49. 杨光斌、李月军:《中国政治过程中的利益集团及其治理》,《学海》,2005 年第 2 期。

50. 杨山鸽:《利益结构的变化、利益集团的出现与中国的政治发展》,《兰州学刊》,2014 年第 6 期。

51. 杨春蓉:《建国 70 年来我国民族地区生态环境保护政策分析》,《西南民族大学学报》(人文社会科学版),2019 年第 9 期。

52. 杨立华、刘宏福:《绿色治理:建设美丽中国的必由之路》,《中国行政管理》,2014 年第 11 期。

53. 应星:《草根动员与农民群体利益的表达机制:四个个案的比较》,《社会学研究》,2007 年第 2 期。

54. 姚望:《当代中国利益表达的失衡及矫正路径选择》,《理论月刊》,2009 年第 9 期。

55. 余敏江:《论生态治理中的中央与地方政府间利益协调》,《社会科学》,2011 年第 9 期。

56. 余光辉、陈亮:《论我国环境执法机制的完善——从规制俘获的视角》,《法律科学》(西北政法大学学报),2010 年第 5 期。

57. 张力:《环境信息披露必须制度化》,《环境经济》,2006 年第 5 期。

58. 张秋根:《生态市建设的理论分析》,《生态经济》,2001 年第 12 期。

59. 周黎安:《晋升博弈中政府官员的激励与合作》,《经济研究》,2004 年第 6 期。

60. 周国雄:《公共政策执行阻滞的博弈分析——以环境污染治理为例》,《同济大学学报》(社会科学版),2007 年第 4 期。

61. 竺乾威:《地方政府决策与公众参与——以怒江大坝建立为例》,《江苏行政学院学报》,2007 年第 4 期。

62. 赵燕:《略论我国政府如何平衡强弱势利益集团之间的博弈》,《四川行政学院学报》,2006 年第 4 期。

63. 赵卓:《利益集团、行政性垄断与规制改革》,《理论探讨》,2009 年第 3 期。

64. 曾贤刚、程磊磊:《不对称信息条件下环境监管的博弈分析》,《经济理论与经济管理》,2009 年第 8 期。

65. 张克中:《公共治理之道:埃莉诺·奥斯特罗姆理论述评》,《政治学研究》,2009 年第 6 期。

66. 张高丽:《大力推进生态文明努力建设美丽中国》,《求是》,2013 年第 24 期。

67. 张其春:《大数据驱动政府环境监管转型及建设途径探讨》,《太原理工大学学报》(社会科学版),2015 年第 4 期。

68. 陈水生:《当代中国公共政策过程中利益集团的行为策略——基于典型公共政策案例的分析》,复旦大学 2010 年博士研究生毕业论文。

69. 葛俊杰:《利益均衡视角下的环境保护公众参与机制研究——以社区环境圆桌会议为例》,南京大学 2011 年博士研究生毕业论文。

70. 李红利:《中国地方政府环境规定的难题及对策机制分析》,华东师范大学 2008 年博士研究生毕业论文。

71. 李胜:《跨行政区流域水污染府际博弈研究》,湖南大学 2010 年博士研究生毕业论文。

72. 刘洪斌:《节能减排政府责任保障机制研究》,中国海洋大学 2010 年博士研究生毕业论文。

73. 刘恩东:《中美利益集团与政府决策的比较研究》,中共中央党校 2013 年博士研究生毕业论文。

74. 刘丽霞:《中国利益集团在公共政策过程中作用与影响研究》,东北财经大学 2011 年博士研究生毕业论文。

75. 马晓明:《三方博弈与环境制度》,北京大学 2013 年博士研究生毕业论文。

76. 孙大雄:《政治互动——利益集团与美国政府决策》,华中师范大学2002年博士研究生毕业论文。

77. 史小龙:《我国自然垄断产业规制改革中的利益集团研究》,复旦大学2012年博士研究生毕业论文。

78. 夏冕:《利益集团博弈与我国医疗卫生制度变迁研究学科专业》,华中科技大学2010年博士研究生毕业论文。

79. 王凤:《公众参与环保行为的影响因素及其作用机理研究》,西北大学2007年博士研究生毕业论文。

80. 王潜:《县域生态市建设中的政府行为研究》,东北大学2008年博士研究生毕业论文。

81. 王兆斌:《体制转型进程中的利益集团研究——关于市场竞争本质的另一种思考》,中国社会科学院2012年博士研究生毕业论文。

82. 王斌:《环境污染治理与规制博弈研究》,首都经济贸易大学2013年博士研究生毕业论文。

83. 吴诩民:《基于成本收益的企业环境信息披露研究》,南开大学2009年博士研究生毕业论文。

84. 张丙宣:《科层制、利益博弈与政府行为——以杭州市J镇为个案的研究》,浙江大学2010年博士研究生毕业论文。

85. 钟明春:《基于利益视角下的环境治理研究》,福建师范大学2010年博士研究生毕业论文。

三、统计资料类

1. 2007—2017年,呼和浩特市、包头市、鄂尔多斯市统计年鉴。

2. 2000—2017年,内蒙古国民经济与社会发展报告。

3. 2006—2017年,内蒙古环境统计年报。

4. 2000—2017年,内蒙古环境质量公报。

5. 2008—2017 年,呼和浩特市、包头市、鄂尔多斯市环境质量公报。

四、外国文献

1. Aidt, T. S. and Dutta. J, Transitional polities: Emerging Incentive - based Instruments in Enviromental Regulation, *Joumal of Enviromental Economies and Management*, 2004(47).

2. Cherry, Steven, How to bulid a green city, *IEEE Spectrum*, 2007(44).

3. Deborah Stone, *Policy Paradox The art of Political Decision Making*, W. W. Norton Company, 2001.

4. Inés M. S, Environmental regulation: choice of instruments under imperfect compliance, *Spanish Economic Review*, 2008(1).

5. John A. List and Charles F. Mason, Optimal Institution Arrangements for Transboundary Pollution in A Second - Best World: Evidence From A Differential Game with Asymmetric Players, *Journal of Environmental Economics and Management*, 2001(42).

6. Liu Xianbing, Wang Can, Shishime, Tomohiro, Fujitsuka, Tetsur, Environmental activites of firm ' s neighboring residents: an empirical study in China, *Journal of Cleaner Production*, 2010(18).

7. Myllylä, Susanna, Kuvaja, Kristiina, Societal premises for sustainable development in large southern cities, *Global Environmental ChangePart A: Human & Policy imensions*, 2005(15).

8. peter Ho., Greening Without Conflict? EnvironmentaliSH, NGOs and Civil Soeiety in China, *Development and Change*, 2001(5).

9. Sandmo A., Efficient environmental policy with imperfect compliance, *Environmental and Resource Economics*, 2002, 23(1).

10. Sally EE., Using Sustainable Development: The Business Case, *Global Environment Change*, 1994(4).

11. Young, A., The Razor's Edge: Distortions and Incremental Reform in the People's Republic of China, *Quarterly Journal of Economics*, 2000(15).

12. Wu meiling, Hangu District Bent on a Green Economy, *China Today*, 2009(58).

13. Wang rusong, Ya pingYe, Eco – city Development in China, *AMBIO – A Journal of the Human Environment*, 2004(33).

14. Eryildiz, Semih, Xhexh, Klodjan, Gazi 'Eco Cities' Under Construction, *University Journal of Science*, 2012(25).

后　记

宝剑锋从磨砺出,梅花香自苦寒来。《利益分析视阈下内蒙古生态市建设研究》这本著作终于盼到了出版的喜庆时刻。本书是在本人博士论文的基础上修改而成的。自党的十八大将生态文明写入“五位一体”总体布局中,围绕它的相关建设经验、学术探讨在全国各地方兴未艾。生态市建设既是建设生态安全屏障的重要举措,也关系城市可持续发展能力的有效提升。建设美丽家乡、美丽乡村为我点燃了撰写此书的灵感,结合家乡特色凸显生态环境治理战略的重要性。

以习近平总书记考察内蒙古重要讲话精神为根本,为打造祖国北部边疆生态安全屏障为己任,本书对参与内蒙古生态城市建设的相关主体在不同利益动机下的行为方式选择展开研究,同时对影响利益主体行为方式选择的主客观因素进行了细致分析。生态城市建设作为一项系统性复杂工程,需要多元利益主体的协同共治,多元主体间的合作融合直接关系生态城市建设的整体成效。为了摆脱多元主体协同困境,需要建构合理的利益激励制度体系,引导多元主体行为策略选择朝着政府、企业、社会组织及公众四者协同共治的方向发展,推动现代城市生态文明系统性工程的快速实现。

本书的出版要感谢沈亚平教授、常健教授、金东日教授及王骚教授给予的宝贵意见,启发我对研究问题的精准把握,对研究思路的创新受益匪浅。

本书中涉及一些实证调研案例,内蒙古大学生态与环境学院为我走访环保部门、企业、基层社会调研访谈、整理案例,提供了宝贵机会。在众多老师、朋友的帮助下,本书终于形成完整的书稿即将出版发行,感谢天津人民出版社对本书的面世给予了全程关怀。由于本人的学识功底尚浅,书中不详、不周、不妥之处，敬请读者不吝批评指正，希望收获宝贵的交流意见。

王瑜

2019 年 10 月

“南开公共管理研究丛书”书目

1.《公共行政研究(第二版)》 沈亚平◎主编
2.《灾害应对组织网络及其适应性研究》 闫章荟◎著
3.《公共服务视角下的地方政府财政支出》 杨慧兰◎著
4.《高校科技成果转化中的政府职能研究》 张健华◎著
5.《当代中国法院管理研究》 郝红鹰◎著
6.《服务型政府及其建设路径研究》 沈亚平◎主编
7.《共生理论视域下政府与社会组织关系研究》 刘志辉◎著
8.《利益分析视阈下内蒙古生态市建设研究》 王瑜◎著